现代水治理丛书

U0168796

现代生态水利项目可持续发展

——基于定价的 PPP 模式与社会效益债券协同研究

何楠　胡德朝　著

中国水利水电出版社
www.waterpub.com.cn
·北京·

内 容 提 要

为解决生态水利项目 PPP 模式创新，使社会资本放心进来、安心经营、共享收益，本书创新性地引入了社会效益债券（SIBs）模式，将 PPP 和 SIBs 协同研究，形成两者协同共建、优势互补的特色理论与实践体系。本书在探讨 SIBs 在生态水利 PPP 项目中应用的必要性与可行性的基础上，构建了 SIBs 下生态水利项目 PPP 模式，并对饮马河生态水利项目进行分析，将结果与同类项目收益率进行对比，检验该定价模型的可行性。

本书可供从事生态水利项目建设和管理人员使用，也可作为致力于基础设施或公共服务领域 PPP 模式创新的研究者参考。

图书在版编目（ＣＩＰ）数据

现代生态水利项目可持续发展 ：基于定价的PPP模式
与社会效益债券协同研究 / 何楠，胡德朝著. -- 北京 ：
中国水利水电出版社，2020.8
（现代水治理丛书）
ISBN 978-7-5170-8900-1

Ⅰ．①现… Ⅱ．①何… ②胡… Ⅲ．①水利工程－基
本建设项目－可持续性发展－研究－中国 Ⅳ．①TV512
②F426.9

中国版本图书馆CIP数据核字(2020)第182256号

书　　名	现代水治理丛书 **现代生态水利项目可持续发展** **——基于定价的 PPP 模式与社会效益债券协同研究** XIANDAI SHENGTAI SHUILI XIANGMU KECHIXU FAZHAN ——JIYU DINGJIA DE PPP MOSHI YU SHEHUI XIAOYI ZHAIQUAN XIETONG YANJIU	
作　　者	何　楠　胡德朝　著	
出版发行	中国水利水电出版社 （北京市海淀区玉渊潭南路 1 号 D 座　　100038） 网址：www.waterpub.com.cn E - mail：sales@waterpub.com.cn 电话：(010) 68367658（营销中心）	
经　　售	北京科水图书销售中心（零售） 电话：(010) 88383994、63202643、68545874 全国各地新华书店和相关出版物销售网点	
排　　版	中国水利水电出版社微机排版中心	
印　　刷	天津嘉恒印务有限公司	
规　　格	170mm×240mm　16 开本　10 印张　196 千字	
版　　次	2020 年 8 月第 1 版　2020 年 8 月第 1 次印刷	
定　　价	**68.00 元**	

"现代水治理丛书"编纂委员会名单

总序

党的十八大以来，党中央从治国理政的层面对治水作出了一系列重要论述和重大战略部署，形成了新时代治水思路与方针，为我国现代水治理开创治水兴水新局面提供了根本遵循。从"节水优先、空间均衡、系统治理、两手发力"的治水方针，到"要从改变自然、征服自然转向调整人的行为、纠正人的错误行为"，再到"重在保护，要在治理""要坚持山水林田湖草综合治理、系统治理、源头治理""促进全流域高质量发展、改善人民群众生活、保护传承弘扬黄河文化，让黄河成为造福人民的幸福河"等，为明确和把握现代水治理的目标任务和基本内涵提供了根本要求和科学指引。水治理是关系中华民族伟大复兴的千秋大计。我国地理气候条件特殊，人多水少，缺水严重，水资源时空分布不均，旱涝灾害频发，是世界上水情最为复杂、治水最具有挑战性的国家。从某种意义上讲，一部中华民族的治水史也是一部国家治理史。水是基础性自然资源和战略性经济资源，维护健康水生态、保障国家水安全，以水资源可持续利用保障经济社会可持续发展，是关系国计民生的大事。在水治理过程中，上游与下游、干流与支流、左岸与右岸、河内与河外、洪涝与干旱等自然元素，和开发与保护、生产与生态、生活与生态、物质与文化、行政区域与流域单元等社会元素之间，存在着错综复杂、纵横交织的博弈关系，使得水治理成为现代社会治理中最为复杂的方面之一。中国特色社会主义进入新时代，以节约资源、保护环境、生态优先、绿色发展为主要内容的生态文明建设，对包括水资源、水生态、水环境、水灾害等内容的现代水治理提出了更高目标要求。

现代水治理的关键是综合性与整体性。山水林田湖草之间相互依存、有机联系。实现治水的综合性，就要突破就水治水的片面性，立足山水林田湖草这一生命共同体，统筹兼顾各种要素、协调各方关系，把局部问题放在整个生态系统中来解决，实现治水与治山、治林、治田等有机结合，整体推进。治水的整体性要求：把握区域均衡、全域统筹、科学调控，改变富水区资源流失和缺水区资源匮乏的不合理现象，实现资源区域均衡利用。自然界的淡水总量是大体稳定的，但一个国家或地区可用水资源有多少，既取决于降水多寡，也取决于盛水的"盆"大小，这个"盆"指的就是水生态。要遵循人口资源环境相均衡的客观规律，坚持经济效益、社会效益、生态效益有机统一的辩证关系，科学把握水资源分布和使用的均衡性，包括区域均衡、季节均衡、时空均衡等，实现区域水生态整体良性循环。科学实施水系连通，构建多元互补、调控自如的江河湖库水系联通格局，采用工程蓄水、湿地积存、湖泊吸纳、林草涵养等措施，增强区域防汛抗旱和水资源时空调控能力。

现代水治理的核心是调整人的行为、纠正人的错误行为。在现代水治理中调整人的行为和纠正人的错误行为，必须牢牢把握好水利改革发展的主调，形成水利行业强监管格局。诸多水问题产生的根源，既有经济发展方式粗放和一味追求 GDP 数量增长等原因，也有治水过程中对社会经济关系调整不到位，行业监管失之于松、失之于软等原因。解决复杂的新老水问题，必须全面强化水利行业监管，必须依靠强监管推动水利工作纲举目张，适应新时代要求。在为用水主体创造良好的条件和环境的同时，有效监管用水的行为和结果；在致力于完善用水和工程建设信用体系的同时，重视对其监管体系的建设，维护合理高效用水和公平竞争秩序；在建立并严格执行规范的监管制度的同时，不断开拓创新，改革发展新的监管方式和措施；在实施水利行业从上到下的政府监管的同时，推动水利信息公开，充分发挥公众参与和监督作用。通过水利强监管调整人的行为和纠正人的错误行为，全面实现江河湖泊、水资源、水利工程、水土保持、水利资金等管理运行的规范化、秩序化，对于违反自然规律的行为和违反法律规定的行为实行"零容忍"，管出河湖健康，管出人水和谐，管出生态文明。

现代水治理的策略是政府主体与市场主体协同发力。生态环境问题，归根结底是资源过度开发、粗放利用、奢侈消费造成的。资源开发利用既要支撑当代人过上幸福生活，也要为子孙后代留下生存根基。要解决这个问题，就必须在转变资源利用方式、提高资源利用效率上下功夫。要树立节约集约循环利用的资源观，实行最严格的耕地保护、水资源管理制度，强化能源和水资源、建设用地总量和强度双控管理；要更加重视资源利用的系统效率，更加重视在资源开发利用过程中减少对生态环境的破坏，更加重视资源的再生循环利用，用最少的资源环境代价取得最大的经济社会效益。水资源节约集约利用是全面促进资源节约集约利用的主要组成。我国水资源的总体利用效率与国际先进水平存在一定的差距，水资源短缺已成为生态文明建设和经济社会可持续发展的瓶颈。要站在水资源永续发展和加快生态文明建设的战略高度认识节约用水的重要性，坚持节水优先、绿色发展，大力发展节水产业和技术，大力推进农业节水，实施节水行动，把节水作为水资源开发、利用、保护、配置、调度的前提和基础，进一步提高水资源利用效率，形成全社会节水的良好风尚。

现代水治理的精髓是塑造中华水文化。调整人的行为和纠正人的错误行为除了监管、法治的刚性约束外，还需要充分发挥水文化的塑造功能。一是法律、法规、条例、规章、制度办法等强制性行为规范，这些都是水文化中制度文化功能的集中体现，不仅规范从事水事活动人们的行为，而且要求全社会的人都要共同遵守。二是人们遵循长期以来在水事活动中形成的基本道德、习惯、行为准则及对水和水利的价值判断标准，这是一种情感、意识的内在强制性的规范功能。在现代水治理中，调整人的行为和纠正人的错误行为，需要多措并举，除了严格法律规制、加强政策引导，还要通过塑造主流的精神文化和开展多种形式的宣传教育等方式，对良好的行为加以倡导，对不良的行为加以鞭笞。在传承原有"献身、负责、求实"的水利行业精神基础上，按照新时代水利改革发展的新要求，从对党忠诚、清正廉洁、勇于担当、科学治水、求真务实、改革创新等方面，打造新时代水利行业新精神；通过加强宣传教育，形成全社会爱水、节水、护水的良好氛围。

总之，在深入贯彻"节水优先、空间均衡、系统治理、两手发力"的治水思路，加快推进水利治理体系和治理能力现代化，不断推动"水利工程补短板、水利行业强监管"总基调的新时代，水利工作者理应肩负起为水利事业改革与发展贡献力量的重任，为夺取全面建成小康社会伟大胜利、实现"两个一百年"奋斗目标提供坚实的水利支撑和保障。组织编写"现代水治理丛书"，对华北水利水电大学而言，既是职责所系，也是家国情怀，更是责任与使命。华北水利水电大学是一所缘水而生、因水而兴的高等学府，紧跟时代步伐，服务于国家水资源管理、水生态保护、水环境治理、水灾害防治，是"华水人"矢志不渝的初心；坚持务实水利精神，致力于以水利学科为基础、多学科深度融合的现代水治理研究，是"华水人"义不容辞的担当。近年来，学校顺应国家战略及水利事业改革与发展的需要，先后成立"河南河长学院""水利行业监管研究中心""黄河流域生态保护与高质量发展研究院"等研发单位，组织开展了一系列专题及综合研究，并初步形成了"现代水治理丛书""国际水治理与水文化译丛"等成果。"现代水治理丛书"包括《现代水治理与中国特色社会主义制度优势研究》《现代水利行业强监管前沿问题研究》《现代水治理中的行政法治研究》《现代城市水生态文化研究——以中原城市为例》《现代生态水利项目可持续发展——基于定价的 PPP 模式与社会效益债券协同研究》5 册。这套丛书在政治学、管理学、法学、经济学等学科与中国水问题的交叉融合研究上进行了有益探索，不仅从行政管理层面丰富了我国水治理理论，而且为我国水利事业改革发展实践提供了方案及模式参考，更是华北水利水电大学服务于黄河流域生态保护与高质量发展国家战略的时代担当。

是为序。

中国科学院院士　夏军

2020 年 6 月

前言

　　绿水青山就是金山银山，改善生态环境就是发展生产力。良好生态本身蕴含着无穷的经济价值，能够源源不断创造综合效益，实现经济社会可持续发展。生态水利是人类文明发展到"生态文明"时代的水资源利用方式，是实现人水和谐的水利建设理念。生态水利项目以生态环境保护为目标，在追求经济利益的同时，重视对周围生物活动、地质的影响，是一种人水和谐的水利工程模式，具有投资规模巨大、建设期长、复杂程度高、涉及面广且投资不可逆等特点。而传统的水利工程在兴建中存在盲目性和不科学性，对水资源过度开发，导致流域内生态环境遭到严重的破坏，并引发地下水位逐年下降、河流断流、湖泊萎缩、地面沉降、海水入侵等生态问题。和传统的水利工程建设相比，生态水利项目符合当前可持续发展的理念，是传统水利工程与现代生态学的有机融合，能够兼顾生态系统健康、稳定和社会经济可持续发展。

　　党的十九大报告指出：中国特色社会主义进入新时代，我国社会主要矛盾已经转化为人民日益增长的美好生活需要和不平衡不充分的发展之间的矛盾，即强调要在继续推动发展的基础上，着力解决好发展不平衡不充分问题，大力提升发展质量和效益，更好地满足人民在经济、政治、文化、社会、生态等方面日益增长的需要，更好地推动人类全面发展、社会全面进步。但是也必须清醒地认识到，我国仍处于并将长期处于社会主义初级阶段的基本国情没有变，我国是世界最大发展中国家的国际地位没有变。由于投入不足，我国水利建设长期滞后，仅靠政府财政投入已无法满足巨额的水利工程建设资金需求，此外，水利行业长期存在的运行管护水平不高等问题也亟待解决。2014 年以来，在政府政策持续推动下，国家鼓励社会资本投资运营水利工程，要求在包括水利行业在内的公共服务领域，广泛采用政府和社会资本合作模式。作为政府力推的政府和社会资本合作模式（Public - Private Partnership，PPP），被认为是一种政府与社会资本为提供公共产品或服务建立全程合作关系的新模式。通过引入 PPP 模式，推动多方合作供给公共产品和服务，为可持续发展在治理层面提供了新的思路。但在 PPP 模式推行中，由于顶层设计不够、法规制度不完善等原因，项目实施过程中存在合同签订不规范、项目监管滞后、项目实施效果不理想等问题，导致民营企业参与性不高。如何对生态水利项目 PPP 模式进行创新，使社会资本放心进来、安心经营、共享收益，不仅是值得研究的理论命题，也是亟待解决的现实问题。

社会效益债券（Social - Impact - Bonds，SIBs）是国际上推出的一种新型公共服务融资模式，其核心理念与 PPP 模式不谋而合，将两者进行有机结合是打破我国 PPP 当前瓶颈，创新发展、规范发展的重要路径，为 PPP 模式下非盈利项目的融资提供了新途径。本书以生态水利项目为载体，在协同机理研究的基础上，以生态水利 PPP 项目的社会效益债券定价为例，构建了 SIBs 下生态水利项目 PPP 模式，并进行 SIBs 定价研究。本书主要工作有：探讨了 SIBs 在生态水利 PPP 项目中应用的必要性与可行性，构建了 SIBs 下生态水利项目 PPP 模式，以解决 PPP 模式在实践中出现的问题；借鉴政府发行 SIBs 按绩效付费的原则，采用"固定利率＋浮动利率"的定价形式，政府按照绩效评估结果兑付债券，SIBs 与 PPP 模式的结合更有利于提升生态水利项目的建设质量与服务水平；运用构建的定价模型对饮马河生态水利项目进行分析，并将结果与同类项目收益率进行对比，检验 SIBs 定价模型的可行性。

本书由华北水利水电大学何楠、胡德朝撰写。何楠负责研究大纲及本书通撰，并负责第 1 章、第 4 章、第 5 章、第 9 章和第 10 章的撰写工作，胡德朝负责第 2 章、第 3 章、第 6 章、第 7 章和第 8 章的撰写工作。在本书的写作过程中，参考了国内外有关文献和最新研究成果，引用了一些数据和资料，在此对相关作者一并表示由衷的感谢。

　　本书是河南省高等学校哲学社会科学应用研究重大项目"PPP模式与社会效益债券协同理论及应用研究（2017 - YYZD - 04）"的阶段性成果，非常感谢项目组其他成员岳宏伟、李一婧、郭云霄、刘艳强、何梦宇、杨丝雯、张甜、袁胜楠等的鼎力相助与合作。

　　PPP模式和社会效益债券是不断发展的研究领域，因此尽管我们在编写过程中做了很多努力，但因学术水平有限，书中存在疏漏之处在所难免，恳请广大读者批评指正。

作者
2020 年 8 月

目录

第 1 章

绪　　论

1.1　研究背景与意义

1.1.1　研究背景

改革开放 40 多年来，我国经济社会发展取得了举世瞩目的历史性成就，实现前所未有的历史性变革，然而，经济增长的背后是社会发展的不充分与不平衡。我国经济发展进入新常态后面临多重矛盾：财政收入增速放缓，但又需要加大基础设施投资来拉动经济和不断加大生态文明建设投入；政府还债高峰来临，还需要提供更优质公共服务以改善民生，公共产品和服务供需矛盾越来越突出。

1.1.1.1　水资源开发过度，引发系列生态问题

水资源是人类赖以生存和社会经济发展不可缺少的物质基础。水利事业在新常态下，既有改革发展机遇，又有改革发展基础，也存在改革发展阻力。重大水利工程建设为我国水安全、粮食安全及生态环境改善提供了强有力的支撑，有助于补短板、惠民生，服务于经济高质量发展。然而，传统的水利工程在兴建中对水资源利用的不断增多导致了水资源的过度开发，并引起了一系列的生态环境问题。生态水利是人类文明发展到"生态文明"时代的水资源利用方式，是实现人水和谐的水利建设理念。生态水利项目与一般传统水利项目相比，在追求经济利润的基础上更强调项目的主要服务目标是生态，使其不仅拥有一般水利项目的功能，也将生态环境和水资源的调控统一起来。随着我国经济社会转型，水利项目建设逐步科学化、理性化，在追求工程质量、经济效益的同时，把社会效益、环境效益作为重要的考核指标，不仅注重新建工程的生态投资，而且下大力气对已有工程的生态进行修复和完善。因此，生态水利项目既利当下又惠长远，符合当前可持续发展的理念。

1.1.1.2　财政收入增速减缓，地方政府债务增多

我国目前在基础设施上的投资额约占 GDP 的 10%，达到 57000 亿元人民

币，约 9000 亿美元。中国东部沿海地区经济较为发达，城市化压力不断增大，基础设施无法满足日益增长的城市居民需求；中西部地区正在进行类似的城镇化进程，对基础设施建设需求也不断增长。原有城镇化建设主要依赖财政、土地的投融资体制弊端已显现，难以持续，影子银行融资的问题近年来暴露无遗。有学者研究认为：目前中国各级政府负有偿还责任的债务为 108859 亿元人民币，其中：省级为 17781 亿元，占 16.3%；市级为 48435 亿元，占 44.5%；县级为 39574 亿元，占 36.4%；乡级为 3070 亿元，占 2.8%。可以看出，市级政府举债最多，其次是县级政府。

面对这种现象，政府和社会资本合作模式（PPP）应运而生。在公共项目中推广 PPP 模式，是我国政府在经济新常态下为拉动投资稳增长、化解债务促民生而制定的重要政策。PPP 模式不仅可以调动更多资源广泛参与经济发展，而且可以将债务盘活，并参与后续管理运营，能够拓宽城镇化融资渠道，减少浪费，形成多元化、可持续的资金投入机制。目前，PPP 应用过程中取得了很多成绩，但 PPP 项目在实施过程中也出现了一些问题，如项目不落地、融资成本高、政府和社会资本互相不信任、社会资本参与程度低等。虽然 PPP 在实践中存在诸多问题，但本质上来讲其对我国推进城镇化建设、提高政府服务质量水平有着重要意义。

1.1.1.3   社会民生意识提升，美好生活诉求突出

经过不断探索，我国 40 多年的改革开放成果显著，经济社会发展迅速，人民生活水平显著提升，但是社会发展的不充分与不平衡逐步显现。我国已基本满足人民物质文化需求，进入全面实现小康社会攻坚阶段，但距离人民"美好生活"的实现还存在着不小的差距，各类民生问题也随之凸显，尤其表现在教育卫生、劳动就业、居民住房、社会保障等方面，这些都关系到人民群众对美好生活的诉求。

想要真正解决以上问题，必须找到问题的根源，并且对问题进行解决。尽管政府和社会资本合作这种形式已经实现了政府分散风险的初衷，但在实践当中大多数项目无法实现自给自足，政府面临的财政补贴压力依然巨大。为弥合政府预算不足，改善诸多社会民生问题，社会效益债券（Social - Impact - Bonds，SIBs）作为一种新的尝试提供了新的思路。SIBs 作为国际上一种为公共服务筹集资金的新的融资方式，由金融机构发行，私人投资者认购。债券筹集资金用来资助非营利组织（NPO）从事一些具有特定政府目标和明确结果的服务活动，政府按照服务指标的完成效果以及预定期限，向认购人支付本金和相应利润。SIBs 是一种多部门协作的社会筹资机制，致力于帮助政府解决社会问题，在衡量项目完成效果时将社会效益放在首位，同时兼顾经济效益的一种公私合作方式。SIBs 的出现为政府真正解决这类问题带来了希望，通过

特定模式筹集资金从事具有特定政府目标的社会服务，为 PPP 模式下的非盈利项目的融资提供思路。政府在项目成功之前，无须进行任何支付，但会通过中央政府专项资金资助地方政府的方式确保支付，但不会投资于失败项目，从而降低了政府的投资风险。

与此同时，SIBs 作为一种新型的公共融资方式，在国外发达经济体解决社会问题上已经得到了较好的实践，成为社会创新和社会投资的热点领域，英美等国家以 SIBs 推动社会创新、解决社会问题的实践，体现了 SIBs 对于促进社会问题上游干预、推动社会服务和社会组织发展、实现更综合有效的社会服务递送等方面的重要价值。

本书通过将 PPP 模式和 SIBs 协同理论及应用研究，旨在构建针对经济、社会问题双管齐下的优化模型，形成优势互补、相互促进的长效机制。

1.1.2 研究意义

本书认为，PPP 模式与 SIBs 是两个既独立又相互联系的公私合作融资模式，是解决当今中国经济社会问题的有效途径。独立是指 PPP 模式和 SIBs 自成体系，有独立的主体及解决问题的目标，如 PPP 模式是以项目公司运营为核心，由政府、社会资本（营利性组织）、金融机构等共同参与的经营期限较长的公私合作经营模式。而 SIBs 则是以社会非营利性组织运作为核心，由政府、筹资机构、社会投资者等共同参与的不以营利为主要目的、经营期限较短的社会公共服务融资方式。相互联系是指 PPP 模式和 SIBs 都是以公共部门与私营部门的合作为前提，把提供公共产品或服务作为合作目标，强调合作过程中的利益共享、风险共担的合作模式，两者都是吸引社会资本广泛参与社会公共产品或服务的有效模式。由此可见，PPP 模式和 SIBs 具有共同基础、共同的应用平台，只是 PPP 模式侧重于解决经济问题，而 SIBs 侧重于解决社会问题。在当今中国新型城镇化发展战略实施、政府财政普遍吃紧、经济增长速度减缓、社会问题不断凸显等形势下，研究 PPP 模式与 SIBs 协同理论及应用研究具有一定的理论及实践意义。

（1）理论意义：PPP 模式和 SIBs 是发达国家为解决本国经济和社会问题而提出并推广应用的，有其独特的历史背景，由于 PPP 模式和 SIBs 产生的时间不同，发达国家不可能将其置于同步研究与应用，根据查阅的资料可知，研究者均认为 PPP 模式和 SIBs 是吸引社会资本广泛参与公共项目或公共服务的有效方式。在中国经济与民生问题"两头冒尖"的形势下，研究中国特色的 PPP 模式和 SIBs 理论势在必行，将两者优势整合，将两种具有共同基础、共同应用条件、共同目标、优势互补、相得益彰的公私合作模式进行整合研究，形成 PPP 模式与 SIBs 协同理论及应用研究的基本理论尤为重要。

（2）实践意义：在中国大力推进城镇化、基础设施现代化与信息化等项目建设的同时，对公共基础设施的建设进行有效改革，提高效率和服务质量，以便更好地满足社会的需求，成为亟待解决的关键问题。因此，要求 PPP 模式和 SIBs 必须整合应用推行，采用多种形式广泛吸纳社会资本参与经济、社会活动，倒逼政府转变职能或购买服务。本书在 PPP 模式和 SIBs 协同理论及应用研究的基础上，力争将该理论与中国经济、社会实际问题相结合，形成中国特色的实践应用体系。

1.2　国内外研究现状

1.2.1　对 PPP 模式的研究现状

1.2.1.1　关于 PPP 模式内涵的研究

PPP 也叫公私合营或政企合作，世界银行指出，PPP 是指由私营部门为社会公益性或准公益性基础设施融资、建造，并在未来一段相当长的时间内运营项目，通过充分发挥公共部门和私营部门的各自优势，以提高公共产品或服务的效率、实现投资效益最大化。PPP 项目融资在国际上，特别是澳大利亚和欧洲的国家已有良好的应用并有了相对完善的系统，因此我国可以借鉴已有成功案例的经验和失败案例的教训来为我国基础设施建设提供理论基础和实践方法。2011 年以前全球 PPP 项目主要集中在能源、交通、港口和铁路等基础设施领域，目前 PPP 项目融资得到了发展并运用于更多领域。在发达国家，PPP 主要运用于医疗卫生、垃圾处理、公共建筑、教育等领域。在对经济快速增长的发展中国家（如中国），对能源、供水和交通领域的需求更大。

中国从 20 世纪 80 年代就引进了一批公私合作的项目，是以 PPP 的前身 BOT 形式存在的，虽然 BOT 作为当时新型的融资方式，拓宽了资金来源，降低了政府风险，合理利用了资源，也调动了外资企业和私营企业的投资积极性，但由于融资成本高、回报率短时期内较低、合同制定不够完善等因素产生了很多问题，造成项目失败。政府作为服务、监督部门，对于相应的技术和管理专业化程度有一定局限性。PPP 模式自 20 世纪 80 年代起被引入中国以来，主要服务于交通、水务、电力等基础设施建设，以 BOT 的形式融资建设。由于 BOT 形式在项目中后期表现出一些弊端，PPP 模式对 BOT 作出了一定的补充。随着 PPP 模式涉及的范围变宽，国内外的案例为随之而来新领域的应用提供了理论与实践研究的基础。刘万军（2016）、周鹏伟（2015）、黄凤岗（2015）对现今水利项目 PPP 的优缺点作出了总结，提出了相关建议。任何生态水利项目都不可避免地对环境造成不同程度的负面影响，引发生态退化，而环境直接影响人类社会的发展和身心健康。

1.2.1.2 关于 PPP 模式政府治理的研究

政府治理能力现代化是 PPP 兴起的重要背景。随着 PPP 在地方政府的推广，PPP 如何影响地方治理是学术界一直关注的话题。国内 PPP 的相关研究围绕国家治理的转型而展开：PPP 可以控制政府产业的规模（唐祥来，2010），促进公共支出在公共部门和私人部门之间的重新划分（谢理超，2015），促进政府向市场和社会分权（刘尚希，2016），推动大部制（白祖纲，2014）、社区服务卫生供给（贾清萍等，2019）、促进医疗服务（李云华，2019）、公共福利制度（Cor van M. 等，2014）、地方公债制度（郭实等，2016）及社会环保垃圾处理（张维，2019）等领域的改革。国外 PPP 的产生和发展经历了近半个世纪的时间，给地方治理带来了广泛而深远的影响。然而公共和私营部门的合作是其中的核心部分。邵颖红等（2019）指出公共部门和社会资本间的信任会对合作效率产生正向促进作用，利益相关者满意度作为中介变量在信任与合作效率间存在部分中介作用，并且相较于公共部门满意度，社会资本满意度对信任与合作效率的中介作用更显著。伍迪等（2018）的研究表明，PPP 项目中的利益相关者在交流关系网络、工作关系网络和合同关系网络的位置极大地影响了它所拥有的社会影响力、职权影响力和经济影响力，提出了关于利益相关者管理的针对性意见。

在 PPP 给地方治理体系带来的诸多影响中，PPP 作为撬动地方治理体系转型的主要抓手是其中最核心、最基础、最具整体性的。风险分担是 PPP 契约的核心（赖丹馨等，2010），是 PPP 模式的基本要素（贾康和孙洁，2009），但是它的影响却超出了微观层面的契约治理，成为地方治理层面的"风险扩散"机制（Demirag 等，2012）和公共风险的共治机制（刘尚希，2016）。沈菊琴（2018）等通过分析风险分担机制修正因素分析出 PPP 项目回报机制。Ball、Heafey 和 King（2003）指出，风险分担合同是物有所值效应最主要的来源。在英国，PPP 的物有所值效应有 60% 来自风险在政府和社会资本之间的重新分配。贾康等（2018）认为构建风险防范机制是促使 PPP 健康发展的必要条件，对于 PPP 项目实操者化解困惑与增加信心具有积极意义。The British House of Commons（2011）也指出，如果风险没有在政府和私人资本之间重新分配，那么 PPP 仅仅繁荣商业，而不是市民社会。Camilo Benítez-Ávila 等（2018）定义了合同和关系治理的性质对于理解如何维护私人和公共组织在长期伙伴关系中的承诺和协调是至关重要的，并且讨论了关系治理要素的调解作用的支持和补偿机制。通过风险分担合同，PPP 成为地方风险治理体系的组成部分，成为地方风险治理的重要单元，促进了地方风险治理体系的重新构建。所以，林丽（2018）认为健全完善 PPP 项目相关法规，建立公平合理的合作机制有助于加快基础设施 PPP 项目建设。

在治理方式方面，风险分担合同在公共风险的治理中引入了市场工具。PPP 在公共风险的治理中引入了私人部门的风险治理工具和程序以及风险文化和风险治理方式。在治理结构方面，PPP 的风险分担促进分权。风险分担的过程也是政府向社会和市场分权的过程。欧美国家的实践显示，PPP 的风险分担伴随着公共设施的产权从政府转移给社会组织和私人资本，这是经济层面的分权。不同的学者从不同的项目和角度看待风险分担。高蒙蒙等（2018）从民营资本的角度分析，认为应为民营资本参与基础设施建设的风险分担提供良好的制度以及法律环境；将收益不足风险进一步细分，加强收益风险的规划和管理；建立风险分担的动态机制，以提高民营资本参与基础设施建设的积极性。N. Mouraviev 等（2014）以哈萨克斯坦 11 个通过特许经营方式进行公私合作的幼儿园为例，进行风险分配的分析，结果显示，政府能够有效地将大部分风险转移给私营部门的合作伙伴。在公共行政层面，PPP 被喻为"第二行政"，是政府对项目公司的行政性授权。分权分为契约性分权和制度性分权，PPP 模式的起点是契约性分权，关键要以此推动制度性分权。譬如，1965 年独立以来，新加坡成功地将大部分医疗服务机构的经营行政授权于私营部门，社会公众进行使用者付费，M. K. Lim（2004）指出此案例为在保持政策稳定的前提下实现国家卫生目标，同时平衡效率和公平问题提供了范例。

1.2.1.3　关于 PPP 模式收益的研究

就全局而言，PPP 的核心意义在于最大化公共利益并实现"共享发展"（Miller，1999）。确切地说，PPP 是分享或重新分配成本、效益、资源、责任（Derick 等，2011）和风险（Hans 等，2001）的管理机制，不是一般人所理解的单纯的跨部门参与和融资。它既涵盖又超越了委托-代理契约关系，致力于以机制创新实现某种共同目标，意味着参与者可以通过协商而缔结合作，发挥 1+1>2（Bovaird，2004）、1+1+1>3 的资源整合优势。PPP 的表现形式具有对非公共部门主体"让利"的直观特征。但正是由于非公共部门的伙伴式参与，如处理得当，将带来"好事做实，实事做好""蛋糕做大"的正面效应，在共赢中可以实现一种公共利益的增进式最大化。

PPP 模式所涉及的具体收益表现形式有公共利益和社会资本利益，社会资本方参与 PPP 项目的基础是其投资回报率的充分保障，这种保障性的来源包括终端用户付费、政府缺口补贴和政府直接购买 3 个方面。对于绩效影响因素的识别，丰景春等（2018）基于 PPP 关键成功因素（PPP CSFs）及问卷调查数据，实证分析了不同付费类型和关系态度下 PPP CSFs 对 PPP 项目绩效的调节作用。杜亚灵等（2017）使用扎根理论，通过文本资料收集、整理和访谈获取研究资料，运用 NVivo 10 软件对资料进行编码，最终得出 PPP 项目履约绩效的影响因素分为政府方、社会资本方、公私双方合作 3 个主范畴，进而分析这 3 个主范畴对履约绩效的影响。袁竞峰等（2012）以物有所值评价（VFM）为导向，采用关键绩效指标的方法，结合大量文献，构建 PPP 项目的 KPI 概念模型，并以此作为 PPP 项目潜在的 KPI 识别平台进行指标识别，并根据问卷调查法进行指标相对重要性评判。兰兰等（2013）针对 PPP 绩效管理问题，参考平衡计分卡思想，从 4 个维度设定绩效指标，以具体项目为例，采用层次分析法进行权重计算，从而对 PPP 的绩效状况展开评价和排序工作。杨凤娇（2016）在专家访谈与文献研究的基础上进行 PPP 项目绩效影响因素识别，采用主成分分析法和关键因素相关值法对已识别要素进行重要性分析。

关于 PPP 模式收益的具体表现和影响因素，如今已在相关的官方文件、学术著作中被广泛应用，学术的研究重点在于对 PPP 公私利益的冲突、公共利益的维护和 PPP 风险分担与利益分配机制的讨论。PPP 模式中公益主体与私益主体间基于各自目标形成合作关系，政府力图通过公共产品与服务供给主体多元化的方式保障社会公共利益的实现，而社会资本则借此获得更为广泛的投资机会。为促进积极合作，政府须在 PPP 项目各阶段明确权力边界，评价社会资本方相关资质，谨慎选择合作伙伴，辅助社会资本方的经营，并将项目收益、风险分担等社会资本方关注的事项写入刚性制度中，让社会资本方对政府承诺的履行充满信心；同时，社会资本方也应提供切实可行的 PPP 项目可行性报告，并在项目运行中积极履行项目合同中的义务。在实施中，判断一项公共项目是否采用 PPP 模式，首先要通过物有所值评价 VFM，这有利于政府选择更为经济、更加有效的采购模式。此外，公共部门通过提供物有所值评价（VFM），将风险转移到私人部门（Takim R 等，2012）。英国财政部规定 PPP 项目需要在项目群层级、项目层级与采购层级进行 3 个阶段的 VFM 评价（HM Treasury，2006）。于晓田等（2018）结合污水处理项目的相关规范和标准、国家示范污水处理 PPP 项目的可行性研究报告、物有所值评价报告和项目实施方案及大量相关文献，开发适用于污水处理 PPP 项目物有所值定性评价的二、三级指标，构建科学合理的 PPP 项目定性评价指标体系，以期为完善 PPP 项目评价提供参考。袁竞峰等（2012）研究了国外常用的物有所值理论，阐述其评价过程，结合我国国情设计了相关的评估方法，通过具体实证分析验证了物有所值方法的可行性。徐晶等（2018）借鉴西方国家 VFM 定性评价的经验，结合我国的 PPP 发展阶段，在优化评价指标及体系、完善定量信息、结合可行性分析框架等方面做出积极的变革。

VFM 在推广中也遇到了一些问题，大部分集中在公私合作实践中无法有效地将特殊目的载体（SPV）在成立阶段使用 VFM（C. P. Gomez 等，2015）。

J. Shaoul（2002）对伦敦地铁进行财务评估，发现伦敦地铁项目是无法收回成本的，并质疑 PPP 在重要资本密集型行业合作伙伴政策的适用性。在决定是否签订 PPP 协议时，公私双方都必须要进行合作伙伴的财务可行性评价，因此，李俊池等（2018）对物有所值评价进行改进，对物有所值的现状、法理标准、完善对策进行了研究，以期对我国 PPP 制度的完善与发展有所裨益。C Sassine（2015）提供了一个框架，估计一个大型城市项目财务可行性，是解决与大型城市项目相关的关键组件。由此可见，PPP 作为一种跨部门的社会项目融资模式，其收益分配方案亟待不断思考和优化。

1.2.1.4　关于 PPP 模式的风险识别与管理研究

PPP 模式中参与方众多，各方利益也不尽相同，风险评估是复杂的，需要从公共和私营部门实体的不同角度分析风险（D. Grimsey 等，2002）。林涛涛等（2018）根据对收费公路案例中运营期常见风险总结归纳，通过偏最小二乘回归方法给出各个风险因子与项目运营数据的联系；王建波等（2017）基于 OWA－ER 的城市轨道交通 PPP 项目风险评估模型，通过案例分析，给出了案例中风险等级的排序，验证了这一方法；Ameyaw E. E 和 Chan A. P. C（2015）则是运用已建立的风险评估原则和模糊集理论，根据公共部门和私营部门的风险管理能力进行风险分配；F. Medda（2007）将公共部门与私营部门之间在运输基础设施协议中的风险分配过程作为这两个代理人之间的讨价还价过程，采用博弈模型对两个部门进行分析，最终得出担保价值高于经济损失时项目面临的主要风险。A. R. J Dainty（2013）从文献中识别出 61 个 PPP 风险因素，并将其分为外生风险和内生风险，随后调查了尼日利亚建筑专业人员对所识别风险的相对重要性及公共和私营部门间分配偏好的看法，最终得出尼日利亚最重要的 3 个 PPP 风险因素是"不稳定的政府""PPP 的经验不足"和"可用性"。由于财务风险、政治风险和市场风险的高涨，PPP 项目能否顺利实施，解决风险回报问题是主要的因素，故 M Fernandes（2016）使用新的评价方法，将风险分析与财务评价进行结合。PPP 模式是建立有效医疗保健系统的有效方式，W. B Alonazi（2017）采用焦点小组访谈和文献分析的方式对医疗体系可能面临的风险进行总结，提出 5 个关键风险因素。

近几年对 PPP 项目中某一环节的风险评价较多。侯玉凤（2018）以已经上市的 PPP 资产证券化项目为例，分析 PPP 资产证券化过程中存在的风险，构建风险评价指标体系并对其进行评价。E. E Ameyaw 和 A. P. C Chan（2015）采用模糊综合评价法对发展中国家供水 PPP 项目的风险因素进行评估，选取主要风险因素作为输入变量，最终得出发展中国家水务公私合作项目的整体风险水平很高，金融/商业风险类别是最关键的主要因素。R. Khallaf 等（2016）运用博弈论分析参与各方之间的相互作用，了解各方因风险采取的行动，以了解 PPP 项目相关风险的动态结果。S. V Kolokolova 等（2015）采用蒙特卡洛法分析了俄罗斯西部高速建设第三阶段的风险，在此基础上制定了适应国际风险评估的最佳实践成果。R. U Latief（2015）采用的分析工具是概率影响矩阵，对印度尼西亚机场基础设施 PPP 风险评估的概念模型进行开发，分析其风险特征和风险评估。

PPP 项目成功的关键是对风险的把控。王莲乔等（2018）研究发现私营部门投资比例负向调节了项目工程风险管控的影响；对于风险因子的识别，元霞等（2009）通过对中国 PPP 项目失败或出现问题案例的汇总分析，从中找出导致这些项目失败或出现问题的主要风险因素，对其产生原因和内在规律进行深入分析并提出相应对策建议。毛亮等（2018）采用层次分析法对风险因素进行量化处理，构建风险管理控制模型；对各风险因素进行评分，确定风险的等级；用模糊综合评价法对项目进行评估，从理论和方法上为项目参与者提供可行的参考依据。孙荣霞（2010）以霍尔三维模型为基础，把公共基础设施 PPP 项目按照逻辑维、知识维、时间维来划分建立公共基础设施项目风险控制的三维结构，对公共基础设施 PPP 项目利益相关各方在项目整个生命周期各个阶段的风险进行分析和处理。胡丽等（2011）采用成熟的核对表法及事故树法分析产生风险的原因，借助结构分解方法分解识别 PPP 项目风险因素，利用专家调查法和综合判断矩阵评价风险严重程度。刘继才等（2013）通过对国内外大量文献的分析和总结，设计出影响我国 PPP 项目的风险体系，采用问卷调查方法获取相关数据，运用 SPSS17.0 统计软件进行多元因子分析，确定影响我国 PPP 项目的关键风险因素。

对于 PPP 项目风险评价，国内目前还没有成熟的风险评价模型，赵磊、屠文娟（2011）提出一种集成 FAHP/FCE 的中国 PPP 项目风险评价的方法，该方法允许决策者使用语言变量评估 PPP 项目风险因素，借助三角模糊数并有效集结专家偏好信息确定指标排序向量。Rouhani，Omid M. 等（2018）审查了全球开发的主要风险分担方法，研究可变可用性支付、最低收入保证（MRG）、可变期限合同、财务重新平衡和动态收入保险方法，旨在减轻特许权所有人的风险，从而鼓励私人参与公私伙伴关系（P3）安排。李妍、赵蕾（2015）采用德尔菲法进行问卷调查，结合城镇化背景的特点设计 PPP 项目风险评价指标体系，采用优化的模糊层次分析法构建了基础设施的风险评价模型。李凯风（2016）对国内外公私合作模式的风险识别、风险评价、风险分担进行了文献梳理，得出我国风险管理的研究方向。

1.2.2　国内外对社会效益债券的研究现状

国内外对于社会效益债券的研究可以分为三个方面进行综述。第一个方面是关于社会效益债券政府治理方面的研究，第二个方面是关于社会效益债券收益的方面研究，第三个方面是关于社会效益债券的风险识别与管理方面的研究。

1.2.2.1　关于社会效益债券政府治理的研究

社会资本通过 PPP 投资公共服务，具有一些显而易见的相对优势。经过对社会效益债券得以实施的正式制度、政府支持的相关文献进行梳理不难发现，这些研究的出发点往往着眼于公共组织、非营利机构、志愿组织等服务提供者在服务设计、交付和问责上的重要缺陷，这些缺陷导致了某些社会问题一直难以解决。因此，公共部门的改革提倡将私营部门的管理技术和经营理念投入实践。譬如，引入市场激励约束机制来解决这些问题（Mulgan 等，2011；HM Government，2011，2013；Liebman，2011）。从这个角度来看，作为一种创新的社会项目筹资实践，社会效益债券机制的积极意义在于其运行涉及竞争性招标、私营部门审计系统（Power，1999），并通过这种融资模式的创新促进了公共部门企业家精神的培育（Osborne 等，1992）。譬如，英国主要的社会效益债券倡导者之一罗纳德·科恩（Ronald Cohen）认为，社会筹资机构和私营部门的投资者将会极大地改变社会组织和社会服务业发展，正如 19 世纪 80—90 年代风险投资和创业企业对于主流商业模式的影响（Cohen，2011）。这种观点与新公共管理（NPM）的观点相一致（Hood，1991；Ferlie 等，1996），但在其基础上有了进一步的发展。社会效益债券的"基于绩效给付"机制和投资的社会效益使其更深入地挖掘了政府、私营部门、非营利组织和志愿组织之间潜在的共生关系。例如，Callanan 和 Law（2012）认为，社会效益债券的创新之处正是产生于政府、私营部门和社会筹资机构、社会服务提供者的交互过程中。由此可见，社会效益不仅是一种筹资模式，更是一种政府治理机制。

社会效益债券在政府管理方面的革新主要体现在基于结果的合约和公共服务的绩效支付（Lagarde 等，2013）。通过政府基于绩效目标的达成情况来进行支付的机制，社会效益债券的合约可以更有效地激励管理者和服务提供者。由此可见，社会效益债券创造了一种机制，用于验证非营利机构、志愿组织的工作成效（Cox，2011；Liebman，2011），此外，从理论上来说，通过清晰地界定各支付金额、各支付比例的绩效目标完成度，社会效益债券能够在更大程度上将绩效是否达成的风险从政府转移到服务提供者（Stoesz，2014）。国外个人慈善机构和伞形基金的报告也表明，在 2008 年金融危机以来的经济和政策背景下，政府公共支出逐渐削减，并且更加注重对产出效果的评估，故而社会效益债券可能为它们提供创新、合作及资本积累的战略机遇（Fitzpatrick 等，2010；Griffiths 等，2014；Joy 等，2011；Seymour，2010；Roberts，

2013；Thomas，2013；Eames 等，2014）。基于结果的合约往往比传统的模块化服务合约持续期限更长，因此，社会效益债券的优势之一在于，它为提供这些服务的非营利机构、志愿组织给予了更高的财务稳定性。而且，由于合约基于结果而非过程，将激发更多的服务过程创新和个性化设计（Social Enterprise U. K，2013；Leventhal，2012；Jackson，2013；Clark 等，2014），例如，可以用于现阶段我国的精准扶贫项目（郝志斌，2019）。

在政府管理的层面，社会效益债券将社会项目早期干预的风险和不确定性部分地从政府转移给私营部门投资者，更是通过跨部门优势互补，大大降低了项目干预失败的风险，这反过来又会促进政府对社会问题的早期干预。一般来说，通过早期干预来避免社会问题产生的成本，要远低于社会问题产生以后补救的成本。社会效益债券支付机制的巧妙之处还在于，由于社会效益债券模式引入了私营部门资本来为提供社会服务的 NPO 提供资金，只有当约定的社会产出绩效实现时，政府才需依照合约的约定付款，而在很大程度上，这些资金是来自在下游社会问题得到解决之后政府财政公共预算的盈余（Mulgan 等，2011；Social Finance，2011b；Callanan 等，2012；Rotheroe 等，2013）。英国政府出版的刊物往往非常重视这种观念的扩散，它们强调社会效益债券模式如何促进创新，并防止或减轻复杂的社会问题。美国 2012 年的社会效益债券由纽约市政府、高盛、彭博慈善基金会组成实施，根据届时纽约市市长所称，如若该计划成功实施，纽约市可以通过减少 10% 的累犯从而节约 100 万美元的成本，若减少 20% 累犯，则节约 2050 万美元（Liang 等，2014）。尤其是在当前欧洲削减财政公共开支的政策环境下，社会效益债券模式在政府管理方面的这种潜在优势越来越被凸显（Griffiths 等，2014；Dodd 等，2011；Jackson，2013；Young Foundation 等，2011）。

1.2.2.2　关于社会效益债券收益的研究

2010 年 9 月，英国"社会金融"（Social Finance，SF）启动了全球首个社会效益债券试点项目，将社会效益债券的思想成功转化为实践。该项目旨在通过非营利组织提供的综合性干预服务，降低英国剑桥郡彼得格勒镇监狱刑期不足一年的服刑人员出狱后的再犯罪率。由于社会效益债券模式是一种跨部门合作的社会筹资模式，政府将结果具有不确定性的社会服务的投资风险以及管理社会服务者的责任通过合约转移给了发行机构 SF 和非政府的投资者，这些投资者为私营部门的机构或个人（徐晓新等，2015）。故而，相关文献在研究社会效益债券的收益分配问题时大多采用私营部门参与者的视角。

社会效益债券在社会资本和公用事业领域之间搭建起了桥梁，私营部门（特别是金融机构）通过社会创业促进社会服务和非营利组织的成长，因此，私营部门的机构或个人等社会投资者认购社会效益债券的收益来自两方面：一方面来自公共项目产生的社会效益，另一方面来自商业收益的兼顾（Social Investment Task Force，2010；Cohen，2011；Liebman，2011；Mosenson，2013；Nicholls 等，2012；Moore 等，2012）。社会企业的倡导者们认为这是全球范围内社会资本和盈利组织承担社会责任的新途径和发展趋势（Porter 等，2006；Bugg - Levine 等，2011）。从商业收益的角度来说，社会效益债券的投资对象以解决社会问题和满足社会需求为项目出发点，与此同时也为有社会公益意识的投资者带来了崭新的潜在收入来源（Wilson，2014）。良好的社会绩效标志着新兴经济体对未来偿还债务的长期定位和承诺（Margaretic 等，2018）。譬如，私营部门投资者可以通过类似于私人融资计划（PFI）的方式获得更多的公共资金，PFI 是 20 世纪 90 年代在英国盛行的一种合约模式——它既包含私人投资者为公共基础设施项目（如新的医院和监狱）提供资金的项目融资模式（Sussex，2001），也包含了承包、建设、运营公共服务的管理模式。其实在发展过程中，社会效益债券和英国福利社会的建成有着紧密的关系（Emma Dowling，2018）。Lehner 等（2014）认为，如果考虑风险调整之后的投资组合收益率，那么这些以公共收入为资金来源进行支付的投资产品具有可观的利润水平（Lehner 等，2014）。一旦社会效益债券模式彰显成效，那么它将为投资者提供财务回报。此外，从社会效益的角度来说，尽管社会效益债券的投资回报在理论上来自财政公共预算的盈余，但仍是基于公共资金。有学者认为通过这种模式能够使金融资本等私营部门投资者与社会公众的对立危机被抵消（Shiller，2013），并将会改善投资者的公众形象，促进社会价值的实现（Barajas 等，2014），并且这种融资方式有助于解决目前存在的一些预算资本约束问题（Jasper Kim，2015）。

　　社会效益债券项目收益的支付要依据合同约定的社会效果达成的情况而定，已有文献中强调了相关主体进行广泛地、持续地绩效监测及同时进行独立评估对投资回报支付的重要性，这是确保收益分配有效和可归因的一种方式（Cox，2011；Burand，2012；Leventhal，2012；Nicholls，2013）。Pandey 和 Sheela 等（2018）认为，突出合同各方的风险和保障，并进行正式的效益-成本分析，以确定交易成本是利用社会效益债券的关键。而相关文献强调了独立评估机构等相关主体所拥有的专业知识，例如管理咨询顾问和专业中介人，这些参与者被视为 SIBs 实施的关键（Bafford，2012；Haffar，2014）。例如，他们预计将为非营利性机构和志愿组织带来更好的数据监控技术和技能，因为传统上这些机构被认为其能力有限，难以监控他们自身的行为，并确认机构取得的成果（Callanan 等，2012）。

　　然而，对于社会效益债券的投资者而言，他们所获得的收益较低，但是承担的风险较高。故而，他们与那些要求更高收益率水平或确定收益率水平的社会投资者之间有较大区别。Liebman（2011）作为一位重要的社会效益债券倡导者，他认为社会效应债券是"社会效益优先"，而不是"资金优先"的模式。这种"社会效益优先"的模式可以为那些主要目标是社会效益的潜在投资者提供投资机会。尽管如此，这篇文献的重要内容仍集中在如何降低社会效益债券风险水平，从而激励社会投资者投资于新兴市场。这类文献讨论的重点在于如何降低社会投资者的风险水平和不确定性（Bafford，2012；Cox，2011；Burand，2012；Leventhal，2012；Dagher，2013；Shiller，2013）。

1.2.2.3 关于社会效益债券的风险识别与管理研究

关于风险识别及社会效益债券项目的风险管理，国内外均有研究成果。由于社会效益债券是一种政府与社会资本合作来服务社会的方式，因此参照国外学者关于公私合作的研究，将风险划分为一般风险和项目风险，一般风险包含政策风险等，项目风险则是项目运营、合同设计及收益等风险（Lyons T. 等，2004）。

在公共政策层面，有研究对私营部门的机构或个人在公共服务领域的价值，以及社会效益债券机制的适宜性提出了质疑。一部分学者认为，SIBs 有待在实践中检验，需要更多的实证研究来考虑不同环境下 SIBs 的潜在风险、缺点、收益和替代方案（Fraser 等，2018）。SIBs 代表了新自由主义在公共政策制定中的进一步扩张（Warner，2012，2013；Whitfield，2012；McHugh 等，2013；Malcolmson，2014；Sinclair 等，2014）。例如，Lake（2015）基于金融化的相关理论，分析了社会效益债券模式在美国城市的政策制定中产生的潜在破坏性影响，他认为在金融化的环境下，宏观经济和公共决策都服从于金融部门利益的过程，公共政策的制定将只是为了支持、稳定或扩大经济，而不是为了满足社会需求。因此，社会效益债券模式意味着私营部门和金融化价值对公共政策的不恰当干涉。Dowling 和 Harvie（2015）探讨了 2010—2015 年英国政府"大社会"议程的背景下社会效益债券的兴起，他们批评了"公益创投"的急先锋——金融机构和慈善机构，以及这种利用（通常是无偿的）慈善工作在达到社会目的的同时为投资者寻求利润的方式（Dowling 等，2014）。另一些学者则担心，允许私营部门资本介入公共服务领域以培养市场竞争精神，并将绩效管理机制引入非营利组织和志愿行业组织，可能会导致他们的社会责任感衰退或扭曲（Joy 等，2013），甚至可能会破坏福利体系（Ryan 等，2018）。

在项目运营层面，诸多研究认为社会效益债券模式降低了公共资金使用的透明度。Warner（2012）认为，与私营部门具有封闭性质的合约相比，政府部门的合约制定过程相对透明，她以社会效益债券为例，分析了这类项目信息不公开披露的原因是出于商业敏感性。这篇文献还提出了建议，一定程度的公共监督对于确保与这些合约有关的公民和纳税人的责任是至关重要的，因为私有部门投资者或供应商可能将谋利动机置于服务对象的利益之上。

在合约设计风险层面，诸多文献关注的焦点在于"基于绩效给付"的合约设计。Fox 和 Albertson 曾经对社会效应债券模式在英国司法部门和缓刑公共服务中的应用做了大量研究（Fox 等，2011，2012；Fox 等，2013），并指出社会效益债券的优势在于减轻对过程评估的依赖。从这个角度出发，社会效益债券的项目绩效评估采用了循证方法，着重考核社会服务的成果（Deering，2014）。然而，诸多学者也意识到，在"基于绩效给付"的合约设计中，效益的评估必须确保被仔细地定义和测算（Warner，2012，2013）。而合约设计的风险则内含于社会服务项目绩效评估条款之中：一方面，现行的合约将社会服务的效果归因于社会服务组织及社会资本，其合理性受到质疑；另一方面，准确地诠释和验证项目产出的效果标准具有较高难度（Fox 等，2011；Fitzgerald，2013；McHugh 等，2013；Sinclair 等，2014）。

最后，在项目的收益层面，社会效益债券项目存在固有风险。英国的社会效益债券项目可以说是在政府的支持环境下运作的，如英国政府通过社会效益基金（Social Outcomes Fund）、公平机会基金（Fair Chance Fund）、创新基金（Innovation Fund）和青年参与基金（Youth Engagement Fund）为其提供支付（Cabinet Office，2015）。最著名的例子当属纽约雷克斯岛的社会效益债券项目，为了稳固高盛集团（Goldman Sachs）的投资，由彭博慈善基金为该项目进行了背书（Warner，2012）。这表明，私营部门投资者或许比预期更为厌恶风险，因此，作为社会效益债券投资的条件，他们可能会要求政府或者慈善机构为项目背书，从而降低商业收益的风险。社会效益债券在寻找在国家（金融）市场和慈善事业的十字路口出现系统性风险的具体途径（Berndt 等，2018）。

1.2.3　国内外研究述评

综观以上研究发现，在政府的制度建设引导下，SIBs 和 PPP 模式都能够有助于持续稳定地提供有质量保障的公共产品和服务，并在一定程度上使社会资本承担相应的公共责任。这不仅仅是社会治理的变革，更是社会治理的创新。PPP 模式多用于解决现实经济问题，适用于大中型的准公益性或非公益性项目，且项目运营期较长；而 SIBs 偏重于解决公益性的问题、民生问题，适用于公共群体的行为或活动，期限较短。总体看来，国外对 PPP 模式的研究及推广应用较为成熟，国内的研究及推广应用有待进一步探索与加强，对 SIBs 的研究尚处于起步阶段，对于两者的协同研究更是鲜见。本书通过将 PPP 模式和 SIBs 协同研究，以期为解决中国现实中的经济和社会问题提供新视角，并且在解决基础设施、公共事业等领域社会服务投入不足的问题时，可以更加开放思路，从参与机制、评估机制、收益分配机制和问责机制等方面进一步发展和探索两者的协同机制。

1.3　研究的思路与方法

1.3.1　研究思路

本书采用从实践到理论，再从理论到实践的研究思路，首先对 PPP 模式和 SIBs 的国内外应用现状及案例进行聚类分析，总结两者协同研究的必要性与可行性；在此基础上采用博弈理论和模糊综合评价法建立 PPP 模式和 SIBs 协同研究的博弈模型，求解政府-社会资本-项目公司或融资公司间的利益均衡解，并采用模糊综合评价法对均衡解的合理性与科学性进行评价，建立 PPP 模式与 SIBs 协同研究的理论体系；最后以生态水利 PPP 项目为例，对理论研究结论进行模拟仿真及实践应用，形成完整的 PPP 模式和 SIBs 的协同研究的理论与实践体系，为解决当今中国经济社会问题提供参考。

1.3.2　研究的方法

本书按照现状研究-理论研究-机制体制研究-实践应用研究的思路，对 PPP 模式与 SIBs 进行必要的整合应用推行，具体研究方法和手段如下。

（1）对比分析法、归纳演绎法。运用对比分析法、归纳演绎法等对相应政策机制的科学性、合理性、应用性进行验证和修改。

（2）协同模型。结合 PPP 模式与 SIBs 的协同特征，利用协同理论中关于序参量、相变等原理，建立协同模型，以探索 PPP 模式与 SIBs 的协同形成原理，以保证协同关系的建立。

（3）数值实验。建立协同模型，利用数值实验模拟探究模型运行中影响 PPP 模式与 SIBs 协同运行过程中的影响因素。

（4）模拟仿真。对 PPP 模式和 SIBs 协同状态下的某区域进行假想研究，应用本书理论对该区域内的经济、社会问题进行模拟仿真，实现理论与实践的有效结合。

（5）蒙特卡洛随机模拟。采用蒙特卡洛随机模拟技术对输入变量的取值产生随机数，根据数学函数模型进行模拟运算，生成模拟结果，经过 N 次模拟迭代形成统计分析数据。根据求出的统计学处理数据，模拟的经济指标通过累积频率曲线或者直方图表现出来，进而对 PPP 项目和 SIBs 协同研究方案进行评估和优化。上述过程主要通过 Crystal Ball 软件来实现。

1.4 重点、难点及创新

1.4.1 重点

（1）PPP 模式与 SIBs 协同研究的机理。通过研究 PPP 模式与 SIBs 协同研究的机理，探讨 SIBs 在生态水利 PPP 项目中应用的必要性与可行性，验证 PPP 模式与 SIBs 协同状态达到的经济社会效果。

（2）PPP 模式与 SIBs 协同机制。PPP 模式与 SIBs 协同状态下，政府职能如何转变、社会资本能否调动、金融税收体系怎么改革等，这是一个复杂的机制体制问题，也是保障协同成败的关键问题。

1.4.2 难点

（1）协同模型如何构建是难点之一。PPP 模式和 SIBs 是两个独立的合作或融资方式，两者的协同必须有其结合点、动力、目标等。

（2）采用什么方法推广应用协同模型是难点之二。PPP 模式和 SIBs 是解决中国经济社会问题的有效途径，但如何推广应用需要克服重重困难，建立长效机制体制。

1.4.3 主要创新

（1）协同模型构建。在研究中将对 PPP 模式和 SIBs 的模型进行优化、整合，构建两者协同状态下的创新模型，并对其合理性、科学性进行论证。

（2）方法创新。研究中采用聚类分析法对 PPP 模式和 SIBs 的案例进行分析，求得两者协同的结合点。

（3）实践应用创新。本书结合生态水利项目，对 PPP 模式和 SIBs 协同的理论进行模拟仿真，并实际推广应用。

第 2 章

支 撑 理 论 概 述

本章将对 PPP 模式、SIBs、生态水利 PPP 项目及新公共管理和政府补贴等相关概念进行理论梳理，为下一章 SIBs 在生态水利 PPP 项目中的应用分析奠定理论基础。

2.1 PPP 模 式 概 述

2.1.1 PPP 模式的概念

PPP 是指政府、营利性组织基于某个项目而形成的相互合作关系的形式，通过这种合作形式，合作各方可以达到比预期单独行动更有利的结果。对当今中国来说，立足国内实践，借鉴国际成功经验，推广运用政府和社会资本合作模式，是国家确定的重大经济改革任务，具有如下重要意义：一是促进经济转型升级、支持新型城镇化建设的必然要求，向社会资本开放基础设施和公共服务项目，不仅可以拓宽城镇化建设融资渠道，形成多元化、可持续的资金投入机制，而且有利于整合社会资源，盘活社会存量资本，激发民间投资活力，拓展企业发展空间，提升经济增长动力，促进经济结构调整和转型升级；二是加快转变政府职能、提升国家治理能力的体制机制变革，能够将政府的发展规划、市场监管、公共服务职能与社会资本的管理效率、技术创新动力有机结合，减少政府对微观事务的过度参与，提高公共服务的效率与质量；三是深化财税体制改革、构建现代财政制度、实现政府购买服务，要求从以往单一年度的预算收支管理，逐步转向中长期财政规划，这与深化财税体制改革的方向和目标高度一致。

2.1.2 PPP 模式的核心要素

PPP 模式是政府和社会的资本合作，因为传统意义上政府就是行政命令、政策执行、监督和管理部门，与社会资本是先天不平等的主体，所以如果不进行特别规定，合作协议当然会显失公平，因此，在 PPP 模式中必须对其核心要素进行特殊规定。

（1）伙伴关系。PPP 模式的第一要素是伙伴关系，这是 PPP 模式最为首要的问题，而伙伴关系的首要表现是具有共同的项目目标。PPP 模式中的伙伴关系，主要强调的是主体地位平等，尤其强调政府的角色转变。一般情况下，政府行为可分为两大类，一类是日常办公需要的政府购买商品和服务，如果不形成法律意义上的供求合同，则是一种简单的或口头形式的买卖关系，如果形成法律意义上的供求合同，也仅仅是一种复杂的或书面形式的买卖协议，与 PPP 模式下的伙伴关系不完全相同。一般的供求协议仅仅是为了满足主体双方各自的利益需求，而 PPP 模式的独特之处还在于项目主体的目标一致；另一类是政府基于权利的授权、征收税费和收取罚款等，这是一种管理与被管理、监督被监督关系，并不必然表明合作伙伴关系的真实存在和延续。就某个具体 PPP 项目来说，政府部门的目标是以最少的投资或资源，实现最多、最好的产品或服务的供给，实现其公共福利和公共利益的最大化，而社会资本方的目标则是追求企业的稳定发展，实现其投资利益的最大化，尽管两者的追求不同，但因合作的载体是公共基础设施，服务的对象是广大公众，所以 PPP 项目合作伙伴关系形成的前提必须以公众利益为目标。伙伴关系是利益共享和风险分担的前提，如果不能形成目标一致的伙伴关系，利益共享和风险分担就可能成为无源之水、无本之木。

（2）利益共享。PPP 模式下公共部门与社会资本方不是简单的分享利润。对于政府部门，公众所享有的利益就是其最大效益。为吸引社会资本参与诸如生态水利类公共基础项目，政府可以采用参股和不参股两种形式，即使参股也应是劣后股。但无论参股与否，政府都应采取积极的态度支持社会资本方开展 PPP 项目的各项工作，为社会资本方搭建平台，出台促进政策与保障措施等。对于社会资本方，在政府充分考虑其企业特点外，需要控制社会资本方在项目执行过程中不能形成超额利润。其主要原因是，任何 PPP 项目都具有公益性特点，不能以利润最大化为追求目的。由此可见，除政府与社会资本方共享 PPP 模式的社会成果外，原则上政府方不能与社会资本方分享利润。利益共享是 PPP 模式伙伴关系的基础之一，如果没有利益共享，也就没有可持续的 PPP 模式。

（3）风险共担。市场经济规则兼容的 PPP 模式是以伙伴关系作为机制的，由于利益与风险的对应性，伙伴关系除利益共享外，风险的合理分担是必须要考虑的，只有这样才能形成健康而可持续的伙伴关系。因此，公共部门与社会资本方合理分担风险是 PPP 项目的重要特征之一，也是其区别于公共部门与社会资本方其他交易形成的显著标志。对 PPP 模式来说，更加强调这几方面内容：每种风险都能由最善于应对该风险的合作方承担，如公共部门尽可能承担法律、政策变动等方面的风险；社会资本方则主要承担建设、运营、维护等方面的风险；有些风险则需要双方共同承担。由此可见，公私合作 PPP 模式的风险承担的基本原则是：最优应对、最佳分担双方的风险，使整体风险最小化。事实证明，整个项目风险最小化，要比合作双方各自追求风险最小化的结果更优。所以，在 PPP 模式推行中必须强调"1+1＞2"的机制效应。

2.2 社会效益债券概述

2.2.1 社会效益债券概念

社会效益债券是国际上一种新的公共服务融资方式，它由为公共服务融资的金融组织发行，由私人投资者认购。债券发行募集所得资金用于资助非营利组织从事具有明确结果和特定政府目标的公共服务活动，并根据事先设定的期限和服务效果指标的完成情况，到期由政府支付给债券认购人本金和相应的收益。

社会效益债券的出现并非偶然，它是全球方兴未艾的社会效益投资的一个典型案例，其所反映的资本与公益的融合正在成为一股强劲的浪潮，改变着人们在解决社会问题时的诸多观念和行为。具体来说，社会效益债券不仅为公共服务提供了新的资金来源，而且还给政府提供了确保公共服务项目投资取得实效的途径；不仅为投资者提供了一种有利可图的金融新产品，还满足了越来越多的具有社会责任感的投资者寻求渠道来资助解决社会问题的意愿，有些回报资金还可以重新投入公共服务，为公共服务组织的发展提供了机遇；不仅能为慈善组织和社会企业带来更多公共服务的机会，能够改变非营利组织的运作方式，提高其公共服务效率，塑造全新的公共服务模式，而且能够创建政府、社区、商业机构和慈善组织之间全新的公共服务伙伴关系，是公益捐赠性慈善事业的有力补充，具有普遍意义和可操作性。

2.2.2 社会效益债券的运作机制

社会效益债券不是一个债券，而是一种债务结构的模式，它是一个涉及政府、投资者、服务提供者和其他中介机构的多方利益相关者的合作伙伴关系。图 2.1 为社会效益债券项目运行机制示意图。

通过图 2.1 可以看出，社会效益债券参与主体之间的合同安排。他们之间的运作方式为：首先，政府与社会筹资机构签订合同，私人投资者、社会服务提供者、项目管理者、政府和独立评估机构以此获得旨在提高目标群体生活水

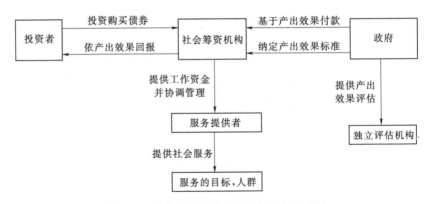

图 2.1　社会效益债券项目运行机制示意图

平的社会服务。其次，社会筹资机构从商业投资者或慈善机构筹集资金。再次，社会筹资机构与一个或多个服务提供者签订合同，以满足绩效为目标，提供服务，在第三方独立评估后进行政府支付。如果社会筹资机构未能完成绩效目标，则政府无义务支付；如若超过最低目标，则支付报酬相应有所提升，直到达到一个事先商议好的最高支付额度。当然，这是一个以多方共赢为目标的模式，首先政府获益，其次投资者获益，最后服务提供者获益。在这个过程中，由于在项目初期获得全部资金投入，所以并没有资金的限制来开展工作，如果被证实有效，则必能快速复制此类模式到各个领域。肖云（2016）对此模式作出了变形：可以直接与服务提供者签订合同，也可以与专门机构（Special Purpose Vehicle，SPV）签订合同。在传统政府资助非营利组织的模式下，政府仅会在项目可行性被验证后才提供资金支持。但 SIBs 结合了绩效给付和市场激励的特点，在项目运行初期就可以从私人投资者处获得资金支持。政府只需要在协商社会服务绩效目标达成后才支付合同预定的报酬。作为新兴的融资模式，社会效益债券模式的内涵有待丰富和完善，为日后研究提供分析依据。

2.3　生态水利 PPP 项目概述

2.3.1　生态水利项目的概念

生态水利遵循生态学原理，尊重和保护自然环境，将生态理念贯穿到水利项目设计、建设和运行的各个环节之中，使建立起来的水利项目体系满足水资源和水生态系统的良性循环，达到可持续利用的目标，最终实现人与自然的和谐共处。从宏观上来看，生态水利主要是研究水利项目和生态环境之间的关系；水利项目的建设、水资源的开发利用和流域内水生态系统之间的关系，并在对水资源合理、科学的开发利用中，保持流域内生态系统良好的自我修复能力，实现可持续发展。由此可见，生态水利就是要把任何水体都放进生态系统中去看待，通过采取措施，建设有利于促进和维护水利项目的设计、建设和运行机制，达到人与自然的和谐及经济和社会的可持续发展。而要想实现人与自然的和谐与可持续发展，就必须要尊重自然环境，把生态理念融入水利项目建设和使用的全过程中，维护生态系统的生物多样性。对水资源的开发和利用不仅仅只考虑水量和水质的问题，还要对水生态系统的自我调节和修复能力予以充分考虑。

生态水利项目有别于传统的水利项目，更强调水利项目的主要服务目标是生态。生态水利项目是研究水利项目的建设及运行对该流域内的生态环境产生的影响，对水资源的开发和利用进行深层次探索，以期找到同时满足人类生产生活需求和保持水生态系统健康稳定可持续发展的方法和措施。

2.3.2 生态水利项目建设的基本原则

（1）生态水利项目的经济性和安全性原则。生态水利项目不仅要遵循生态学原理，还要符合水利项目学原理，同时还要符合水文学及力学等规律，这样才能保证项目的稳定和安全性。另外，还要考虑到河道的泥沙输送、沉积、侵蚀等特征，将河流河势的变化放到动态过程中去研究，最大程度地保证水利项目的稳定性和安全性，生态水利项目的经济合理性则要遵循在投入最小的条件下实现生态效益和经济效益最大化的目标。

（2）生态系统的自我组织和自我恢复原则。生态系统的自我组织和自我恢复功能表现在生态系统的可持续性上。自我组织的机理是一种生物的自然选择结果，一些对环境适应性强的生物物种可以经受住自然环境的考验，从而在一个环境系统内生存下来。在这样的情况下，生物环境就可以对一个有足够数量并且具有繁衍能力的生物物种提供支持。通过生态环境系统的自我组织和自我恢复，自然界就会自然地选择各种合适和适应性强的物种，最终形成一个较为合理和稳定的结构。同时，在对外来物种进行引进时一定要慎重，防止出现生物入侵的现象。

（3）流域内的尺度和整体性原则。河流生态系统修复规划应该在流域尺度和长期的时间尺度上进行，而不是在河段或局部区域的空间尺度和短期的时间尺度上进行。整体性原则是指要着眼于整个生态系统的功能和结构，在此基础上去认识生态系统内的各个生物物种和要素之间的相互影响和相互依存关系。流域内的水生态系统是一个大的综合系统，包括了生物系统、水文系统和水利项目系统等，因此一定要着眼于整体。

（4）反馈调整式设计原则。生态系统和社会系统一样都是处在动态变化之中的，这种动态不仅体现在时间上，也体现在空间上。这种变化不仅来自自然系统的自我更替，人类活动也对其施加了不可忽视的影响。这种被施加的影响具有不确定性，因此就要采取一种反馈调整式的方法来设计，这个方法包括设计-执行-监管-评价-调整等环节。在这整个过程中，监管是整个过程的基础。这种监管包含了水文系统和生物系统，这种监管还要是长期和系统的，同时还必须建立起来一套科学有效的评价体系，从而对河道生态系统的内部功能和结构进行评价。

2.3.3　生态水利项目设计的基本理论与方法

水利项目不仅要满足人类的生产生活需要，还要考虑到系统内生物多样性，这对生态水利项目的设计和建设提出了更高的要求。

（1）对水文过程的分析和计算要以生态和项目水文为基础。目前在国内的实践中，项目设计中融入生态水文理论的并不是特别多，其主要原因是很多生态水文学的从业者并不同时从事生态水利项目的实际开发和设计，这就导致了理论和实践上的脱节，在今后的项目设计中应该要对生态水文学和项目建设的实际予以充分和足够的重视，这样才能为生态水利项目的成熟发展奠定基础。生态水利项目的服务对象是非常广泛的，包括湿地、农业、畜牧业及河流湖泊等诸多对象，有时候甚至同时设计多个对象，因此，要想实现生态水利项目的科学、合理规划，就必须要弄清楚水资源的时空分布规律。

（2）要对关键的生态敏感目标进行识别。生态水利在设计初期就要对那些可能会受到水利项目较大影响的生态目标进行有效识别，并在设计过程中给予充分考虑。但是在实际中，当前很多的水利项目在设计中并没有对流域内的一些较容易受影响的目标进行识别和充分重视，如在三江平原早期的防洪防涝项目中，有些地区就发生了跨流域排水的现象。

（3）生态水利项目的设计要与环境设计有机结合。生态水利的设计要充分借鉴环境科学的原理和技术，对水量和水质进行科学的调节和配置，尤其是水污染防治方面更需要融入到设计中。为了减少污染物进入下游湿地和湖泊的可能性和影响，可以在两者之间的过渡地区建设一些生态处理的设施，如氧化塘等项目。水田和排水沟渠等设施可以充分有效地利用农作物的生长周期进行蓄水，通过建设这些人工沟渠设施来增加污染物的降解。因此，将生态水利项目设计和水污染防治两者的结合是生态水利项目发展的一个重要趋势。

2.4　新公共管理概述

从 20 世纪 60 年代以后，西方国家的政府支出扩大、公共服务效率低下的问题越来越突出，社会各界对政府管理的怨声此起彼伏，在这种背景下，政府适当放权就成为了当时社会达成的共识。公共管理部门就要采取办法去践行用最少的投入做到最好的管理路径，也就是说公共部门要想办法提高对公共资源的使用效率。要想达到这个目标，政府和公共部门就要从自身管理模式的改变出发，并且将新的管理理念融入其中，从而提高政府和公共部门的管理能力和水平，西方政府在社会压力下不得不对以往的管理方式进行变革和创新，这被称为"新公共管理"运动，变革的内容和领域也不断扩大，这对各国政府的体制改革都产生了深远的影响。

2.4.1 新公共管理的理论基础

纵观近些年来国内外学者对新公共管理理论的研究成果，可以看出，新公共管理理论的指导思想是新自由主义和私营工商企业的管理理论，依托的基础主要是新型的信息技术，并随着这些学科的不断发展而不断得以充实和完善。

2.4.1.1 新自由主义经济学的发展及其对新公共管理运动的影响

新自由主义学派的主张是尽可能减少甚至取消国家对经济的干预程度，它信奉市场是万能的。在这种思潮的影响下，新公共管理理论强调要在政府管理体制和公共服务体制中引入市场机制，以此作为激励来提高公共产品供给和服务的效率和水平。不可否认，当经济学理论尤其是以委托-代理理论和交易成本理论为代表的经济学理论融入到新公共管理理论中后，传统的公共行政观念逐渐开始被新公共管理模式取代。

新公共管理以理性经济人为假设，而传统的公共行政管理以经济人为假设。传统的公共行政管理理论面对难以跨出的困境，因此提出了公共服务不仅应该由政府来提供，还更应该由社会资本来参与，应给予公众"用脚投票"的机会。通过良性的竞争使公共部门的运转效率得以提高，使公共部门和其他的公共服务提供者进行对比，并在对比的过程中自我反思和自我约束，从而达到自我提升。

在公共服务领域，官僚机构和选民之间形成了一种委托代理关系，其中，官僚机构是代理人，它通过建立契约关系来负责提供公共服务，这应该是在尊重并忠诚于委托人意愿的基础上进行。但是，由于有限理性的存在，这其中也会存在机会主义的可能，所以就要想办法采取有效的方式使委托代理关系正常化。例如，通过将公共服务签约的方式外包给有资质的社会资本来强化竞争；通过抑制代理人的机会主义动机来加强监管；通过采取多种方式促进委托方和代理方的共赢来实现激励等措施。

2.4.1.2 新公共管理理论体系中的社会科学基础——工商企业管理学

新公共管理理论的主要主张是政府要采取措施充分利用社会资本方的成熟

管理经验，例如，制定清晰明确的目标控制、放松规制、充分重视人力资源管理和全面质量管理理念等等。采取了这些企业化理念的政府既要制定宏观、系统的规则，还要最大程度激励员工充分发挥自身的主观能动性，具有积极性、主动性和创造性的员工会比传统组织中那些按章办事的人员工作效率更高，工作也更加有创新性和灵活性。在这种受成功的企业管理理念影响下的政府，他们信奉和尊重"顾客向导"的文化理念，这对于提升公共服务的质量和水平是极为有利的。当然，政府追求的目标和企业追求的目标是有本质区别的，因此，政府在借鉴企业的管理方式时要适可而止，不能模糊了自身定位。

2.4.1.3 新公共管理理论体系中的自然科学理论基础——信息技术

在当今这个日新月异的时代，公共组织要想与时俱进，就必须要和新生事物进行结合，达到与时代共进步的改革和创新。其中，信息技术对公共事务管理的影响是非常显著的，一方面是因为信息技术在某种程度上影响甚至是左右着政府的决策，从理论上来看，政府进行决策的理性不足在很大程度上是由于认识上的不科学、不全面，因此通过信息技术的提高来提升政府获取信息的完整性和准确性对于政府作出科学的决策具有重大意义。另一方面是由于信息技术是公共管理进行流程改造和创新的重要基础和支撑。政府公共部门可以通过采用信息技术实现流程的变革和创新来提高工作效率。按照经济学中"经济人"的假设，政府的行政人员具有追求效益最大化和趋利避害的本能，所以，采用信息技术对政府行为进行有效监督，政府的不规范行为也会得到改善。

2.4.2 新公共管理理论的主要内容

2.4.2.1 以人为本的"服务行政"

首先，新公共管理理论主张政府公共部门不应该采用"管治行政"，而应该采用以人为本理念的"服务行政"，在这种理念的指导下，政府不是以往的发号施令的机构，而是一个提供公共服务的角色，相当于是一个负责任的企业家角色。但不同的是，新公共管理理论不是倡导政府要向企业家那样以营利为目的，而是倡议政府要吸取成功企业的先进做法，将经济资源的使用发挥到极致，大大提高资源的使用效率，以此来提高公共服务的水平和质量。新公共管理理论强调要把公众的参与作为评价公共服务的一个重要标准，要采取办法使公众积极主动地参与到公共服务的提供中，并且强调换位思考。其次，公众也不是单纯的政府命令的被动接受者，而是要把自己放在一个类似于企业中的客户位置，并且是具有尊贵地位的重要客户，公众的需求就是政府提供公共服务的标准和出发点。因此，新公共管理理论认为政府公共部门的行政行为和行政权力应当遵循的方向就是公众的满意度。

2.4.2.2 政府等公共部门具有"掌舵"而非"划桨"的职责

新公共管理理论把政策的制定和执行两个环节相分离，也就是说把政府公共部门的具体操作职能和管理职能相分离，因为该理论认为政府公共部门的最重要职能是制定、指导政策的执行，这就好像是一艘船行驶在水中，政府要做的是"掌舵"而不是"划桨"，换句话说，政府公共部门要担负起变革的责任。正像戴维·奥斯本在《改革政府》一书中提到的：以前政府管理效率低下的重要原因就是没有厘清自身的责任，没有将政策的制定和执行过程进行分离，政府公共部门将大量精力投入了细端末节，而没有意识到自身最主要的职责是什么。

2.4.2.3 政府等公共部门应引入竞争机制以提高效率

传统的公共行政行为都是采取建立等级制度严密的政府来强化和扩张政府对公共事务的干预。因此，新公共管理理论认为这一机制亟需改变，要引进广泛的市场竞争机制扩大市场资本的准入，让广泛的社会资本得以参与到公共服务的提供中，以此来提高公共部门服务的质量和水平。另外，新公共管理理论还认为，通过一系列竞争体制的引入，政府还可以达到节约成本的目标，例如现在流行的服务外包形式就是一种规避风险的有效方式。最后，新公共管理理论强调政府公共部门要借鉴企业在提高效率方面的做法，这个目标的实现可以借鉴成功企业的做法，通过制定有针对性的绩效目标来实现。

通过以上对新公共管理理论知识的梳理和分析，可以看出新公共管理理论的重点在于将政府看成是公共服务的提供者、公共政策的制定者，同时，对公共部门中引入竞争机制要予以充分重视，这也就强调在当前的社会治理及转型期中要大胆革新，尝试与以往不一样的社会治理方式及社会公共服务提供方式。

2.4.3 新公共管理理论的特征

2.4.3.1 公共性

新公共管理理论主要针对社会公共事务及为社会提供的公共服务为主要研究对象，其特点决定了新公共管理理论和处在社会中的每一个成员都有机会发生直接或者间接的联系。新公共管理理论的一个重要特征就是公共性，顾名思义，既然是公共管理，那么主体就具有复杂性，这也就决定了政府不可能以作为公共事务管理的唯一主体存在，需要激励和调动其他主体参与其中共同管理。并且随着社会经济的发展，市场化程度越来越高，新公共管理理论的公共性特征也会体现得越来越明显。另外，既然涉及管理，那么就离不开对公共权力的探讨，公共管理的权力和行政权力、政治权力一样，权力的来源都是社会公众，因此，必须树立公众利益至上的理念，否则就会发生执法不当的行为。因此，对公共权力的使用公众具有监督的权力，公共权力始终都要围绕着为公众谋福利这一终极目标。

2.4.3.2　公平性

在以往传统的行政价值体系中，效率所占的位置比公平更加重要，效率的高低是评价政府管理是否科学、有效、合理的一个重要标准。但是，当今信息技术发展迅速，政府和非政府组织与公众之间的交流沟通有了更加便利的条件和环境，公众对政府的公共事务管理的评价与了解也随着信息渠道的畅通变得更加透明。同时，这也对政府传统的管理模式和价值观产生了冲击，不再是以往单纯强调效率的高低，而是更多地强调效率与公平之间的平衡，也就是说政府采取的社会公共管理措施是否遵循了公平公正的原则，措施实施的结果在提高效率的基础上是否有助于促进社会公平，政府是否把社会公众的利益置于政府自身的利益之上。

2.4.3.3　合法性

新公共管理理论中的合法性特征主要指是否严格恪守规则，也就是说公共政策的制定和实施是否在宪法和法律允许的范围内进行。正如上文提到的，公共政策涉及的主体非常多元，与公众的联系也非常密切，稍不注意就会侵犯到公众的合法权益。鉴于此，采取措施使公共政策被限定在法律允许的范围内是十分有必要的，只有这样，政府所作出的公共政策才能真正符合公众的利益，最终才能够实现更好地为公众服务这一目标。

2.4.3.4　效能性

效能是效率和功能的简称。效率反应的是政府对一个问题解决的速度以及所花费的成本之间的关系；效能包括了政府进行公共事务管理的科学性，效能应当源于公共政策制定整个流程的合理性，它依赖于政府对公共事务进行决策过程中的分工以及各部分之间的合作程度。

2.4.3.5　适应性

任何一个系统都需要做到和周围环境的融合，这样才能高效地解决社会公共问题，从而促进社会的发展。以往那些传统的行政服务都是单向传输和供给服务，公众更多的是被动接受而没有主动选择的权利，再加上政府在这些领域的垄断性，更多时候都是公众在努力地去适应政府行为，而不是政府根据公众需要去满足社会需求。而新公共管理理论更多地强调公共事务中参与主体的多元化，并且对他们之间的竞争关系给予充分重视，这样才能更好地促使公众实现主动选择的权利。

2.4.3.6　回应性

新公共管理理论中的回应性是指要随时对公众的关注和需求作出回应，并且在制定政策的过程中也倡导公众要积极参与，尽可能地体现和尊重公众的权力，公共管理的体制要通过积极的沟通和互动来保持对社会现象和事物的敏感，促进公共政策的制定，以及执行更加具有开放性、系统更加具有活力。只有这样，公共管理的主客体之间才能实现良好的互动和交流。

2.4.4 新公共管理理论的借鉴意义

通过对新公共管理主要内容的分析可以看出，新公共管理理论更多地强调将政府看成是服务的提供方，并且强调在公共部门中引入竞争机制的重要性，这其实就是在说政府作为公共事务的监督和管理方，我国正处在重要的社会转型期，更应该要借鉴新公共管理理论的思想内涵和精华，不断探讨和完善我国如何更好地发展社会主义市场经济，且更好地使用市场手段来提高社会公共事务的管理水平，提升政府提供社会公共事务管理的质量和效率，最终实现现代市场经济条件下政府行政管理的现代化。结合生态水利项目社会投资模式的特点，新公共管理理论可以提供以下有益的借鉴。

（1）强调政府的企业化管理及管理的高效率。水利项目如果仅从"生态"角度论证，它的基本属性是公益性的，投资建设应该由政府出资，这是一个不争的事实，已在许多发达国家所证实。但从所查资料可知，很多国家都采取各种措施，多渠道吸纳社会资本参与生态水利项目建设，通过对新公共管理理论的梳理，我们也要走出一个误区，即强调社会公众以及社会资本的参与并不是在诱导政府逃避责任，而是要充分借鉴现代企业成功的管理模式，来促进政府管理效率和管理水平的提高。现实中，我国的水利管理现状不是很乐观，管理水平和效率都需要提高，原因主要有以下几个方面：长期计划经济的影响带来的后果就是权力的高度集中，因此，政府在很多应该放手、放权的环节没有做到放手、放权；另外，由于机构和组织的层级繁琐带来的职责不清晰，出现了互相扯皮的现象；最后，由于法制的不健全，一些时期任意增加编制从而造成机构庞大、臃肿，人浮于事。在我国4万亿投资刺激的特殊时期，各地政府通过政府平台公司，以BT模式承接了大量的水利类公共基础项目，但由于是替政府干活，最终由政府付费，其结果是政府监督失控或寻租，滋生了大量腐败现象，浪费了国家资源，损害了政府形象。

（2）将科学的企业管理方法引入生态水利项目建设。新公共管理理论把现代企业制度中的绩效评价、目标管理以及成本核算等概念和环节借鉴到了公共服务领域，这在提升管理效率方面起到巨大作用。虽然政府公共管理和现代的企业管理并不能完全画上等号，两者之间在管理内容、方法和对象等方面都有诸多差异，因此并不能完全照抄照搬企业的先进做法。但是现代企业管理制度的科学性和成功经验是值得政府参考的，尤其适用于水利类公共服务项目的建设与管理，如生态水利项目建设必须引入现代企业管理制度中注重投入产出比和成本精益核算的要求，这样才可以提高政府管理人员的使命感和责任感，对工作人员的工作绩效也可以进行更加具体和量化的衡量与评价。

（3）对政府和市场以及社会公众之间的关系予以充分重视。新公共管理理论对政府和市场以及社会公众之间的关系给予了充分重视，并且把竞争机制也借鉴到了政府的公共服务领域中。这样，政府通过鼓励和引导私人资本与社会资本参与到公共服务领域，在打破政府垄断地位的同时，也极大提高了社会公共服务的质量和水平，在此过程中，政府的财政负担还得到了减轻，并且缓解了债务风险。由于我国地方政府债务高筑，财政资金普遍吃紧，对整个国民经济发展的整体性和稳定性提出了考验。2014 年以来，我国政府在水利基础设施等公共服务领域，大力推行政府与社会资本合作的 PPP 模式，通过借鉴西方的做法，在强调"产业管制"的同时，在社会公共服务领域引入竞争机制，将一些公共服务项目面对市场开放，在一定程度和范围内鼓励和引导社会资本方参与进来，从而改变我国长期以来在基础设施建设中存在的瓶颈现象，将由政府主导、建设、管理的生态水利公共基础及公共服务项目，改变为政府引导、社会资本投资、建设与管理的模式，这不仅有助于提高社会公共服务的效率和水平，而且能够凭借社会资本的力量实现水利建设的经济、社会、环境等综合效益的最大化。

（4）出台社会资本投融资法，完善现行法律法规及政策。公共管理理论认为要从最初的被动遵守法律法规制度，从满足社会需求的角度逐渐转向主动听取公众意见。社会投资需要制度与法律做保障。2014 年以来，我国十分重视 PPP 模式的推广与应用，建立 1800 亿元的 PPP 模式专项基金，要求广发银行、农业发展银行等开放政策性银行低息贷款，建立项目入库资助奖励制度等。但调动民营企业投资积极性的效果并不好，主要原因是缺少 PPP 模式专门立法，现行法律及部门法冲突较多。大家都认为，PPP 模式不仅仅是一种投融资模式，而且是一种社会治理模式，制度体系是一个很好的保障措施。但是，制度毕竟只是一个硬性的手段，它的采用只是为了帮助政府达成公共管理的目标。另外，在制定法律法规的过程中，制度也要始终坚持以公众的根本利益为出发点，贴近市场需求和公众需求，使制定出的法律法规接地气、易落实。

2.5　政府补贴理论概述

2.5.1　政府补贴概述

政府补贴是政府对财政资金的使用，是国民收入或 GDP 的再分配，属于财政支出的转移性支出部分。首先，政府是补贴的主体，这里的政府包括但不限于中央和地方政府，也指具有政府背景的在一定程度上能够代表政府意愿的私人机构。其次，补贴是一种财政行为，是政府在公共账户上的支出，这种补贴可以是资金上的直接补贴，也可以是其他形式的资助。最后，政府补贴的最终目的是实现收益，收益是补贴的必要条件。

按照投资回报机制，PPP 项目分为政府付费项目、可行性缺口补助（即政府市场混合付费）项目、使用者付费项目。其中，可行性缺口补助项目与政府付费项目无法满足项目投资者回收成本并获得一定利润的需求，政府相关部门须通过一定形式的补贴以保障投资者的合理收益。政府在 PPP 项目全生命周期过程中的主要支出责任有股权投资、风险承担、配套投入、运营补贴等。股权投资是指政府和社会资本在筹建项目公司时政府所承担的支出责任。风险承担支出责任是指政府在项目实施方案中因承担风险而带来的财政或支出责任。配套投入是指政府在具体项目方案中需提供的项目配套工程等支出责任。运营补贴是指政府在项目运营期内承担的直接付费责任。

2.5.2 PPP 政府补贴必要性

PPP 项目收入一般包括但不限于产品销售收入、服务收费收入、财政补贴等。PPP 项目按照回报机制分为使用者付费项目、可行性缺口补助项目、政府付费项目（表 2.1）。

表 2.1　　　　　　　　　　　　PPP 项目回报机制

回报机制	具 体 形 式	适 用 范 围
使用者付费项目	消费者直接付费购买公共产品或服务，项目公司通过赚取相关费用来回收项目成本，并获取一定利润	高速公路、桥梁等公共交通项目，以及养老、旅游等有收益的公益性项目
可行性缺口补助项目	使用者付费无法满足社会资本成本回收及合理利润时，政府为增加项目的商业可行性，通过财政补贴、优惠贷款、股本投入等优惠政策形式，给予社会资本经济补贴	医疗卫生、水利建设、生态建设与环境保护等有收益性但仍需政府补贴的公益性项目
政府付费项目	政府直接付费购买公共产品或服务	公路、公园（免门票类）、社会保障、生态保护等没有收益的公益性项目

截止到 2018 年 9 月末，PPP 综合信息平台项目管理库中使用者付费项目、可行性缺口补助项目、政府付费项目分别有 623 个、4407 个、3259 个，投资额分别为 9150 亿元、8.0 万亿元、3.4 万亿元。2017 年 6 月末至 2018 年 9 月末管理库项目数与投资额按回报机制占比统计情况见图 2.2、图 2.3。从数据来看，大量 PPP 项目因其公益性性质是无法实现自负盈亏的，为保障 PPP 项目的商业可行性，政府通常需要提供建设补助、运营补助、价格补贴等，一般统称为政府补贴。本书研究的政府补贴是指直接补贴，即政府通过财政拨款的

方式以现金维持社会资本的正常运营及合理利润。PPP 项目中，政府补贴根据补贴时间的不同分为资本补贴和运营补贴，其中资本补贴是政府在建设期的资金投入，运营补贴是政府在运营期弥补社会资本亏损的资金投入。尽管 PPP 模式的出现缓解了政府面临的部分资金与风险困境，但随着 PPP 项目的激增与城镇化的推行，模式创新成为 PPP 进一步发展的方向。

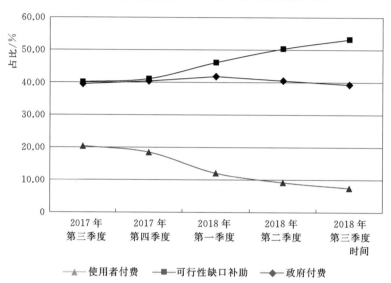

图 2.2　2017 年 6 月末至 2018 年 9 月末管理库项目数按回报机制占比统计情况

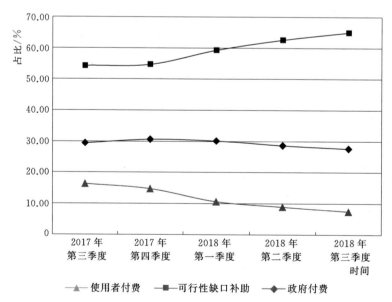

图 2.3　2017 年 6 月末至 2018 年 9 月末管理库投资额按回报机制占比统计情况

第 3 章

PPP 模式与社会效益债券协同机理体系

3.1 PPP 模式与社会效益债券协同内涵

十九大报告指出，我国社会主要矛盾已经转化为人民日益增长的美好生活需要和不平衡不充分的发展之间的矛盾。对快速发展工程项目短期"需要"而忽视了工程项目长期"发展"，导致现行的 PPP 模式中出现项目落地难、地方性政府债务增多等问题。从社会主要矛盾角度给发展困境中的 PPP 把脉，找准病症，方能对症下药。城乡发展不平衡表现在：我国社会生产力水平总体上显著提高，更突出的矛盾是城乡、区域、收入分配等存在的不平衡不充分等问题，这已成为满足人民日益增长的美好生活需要的主要制约因素。其中，中国发展最大的不平衡是城乡之间的不平衡，而城乡之间不平衡最突出的表现就在于基本公共服务发展水平的不平衡，基本公共服务均等化仍未有效实现，经济发达地区对经济落后地区的带动作用发挥不明显。经济发展权弱表现在：欠发达地区的经济地位较低，经济发展较为缓慢，出现了发展不平衡和不可持续的情况，国民发展权的权能没有被重视，市场化改革推进缓慢等。

2008 年，世界银行《增长报告：可持续增长和包容性发展战略》中提出，包容性发展就是寻求社会与经济的协调、稳定和可持续发展，通过合理的、规范的、可操作的制度安排，将发展机会平等赋予每个人。发展社会公益型项目使用 PPP 模式就是要沿着包容性发展的方向推进，这是因为包容性发展所涵盖的范畴既包括收入层面的，也包括公共服务供给等非收入层面的。既关注现有发展资源的多少，也关注不同主体获取发展资源的机会和权利。林毅夫教授认为可以把共享式增长（包容性发展，笔者注）界定为机会平等的增长。平等的发展机会是包容性发展的核心，而实现机会平等就要消除由于个人背景或所处环境的不同可能造成的机会不平等，从而实现结果的平等。这就需要公共管理部门重视在公共利益、私人利益及合作利益之间的协调。

解决当下的 PPP 问题，途径包含制度创新和范式改进，英国的社会效益债券就是一种解决方法。社会效益债券的创新性、风险淡化性、强监督性对

PPP 模式都有显著的影响。

3.2 社会效益债券和 PPP 模式的相互影响

3.2.1 社会效益债券的创新性对 PPP 模式的影响

社会效益债券的创新性是指社会效益债券相较于传统的政府与社会资本合作而言更加完善，这种政府和社会组织的合作，不再是一般意义上的公私合作模式，而是建立起政府、社会资本和社会组织崭新的运作模式。它允许地方政府通过发行债券等方式拓宽城市建设融资渠道，这种模式的实践对于我国目前的经济发展状况而言，具有重要的现实意义和长远的历史意义。

我国经济面临着某些潜在危机，并且这些危机困扰着经济的良性发展，在这其中的去杠杆化使得社会资本开始选择风险小、收益稳健的产品，因而沉淀了不少资本。相应地，政府方面也不再依赖土地财政，财政的困境不可能做到因需要而任意投资。但政府需要解决诸多的民生问题，其中不乏周期长、效益一般的项目。在这样的大环境下，解决问题就需要创新出更完善的模式，因此社会效益债券就应运而生。

社会效益债券是一种新的融资机制，第一，它是一个在私人投资者、社会服务提供者、项目管理者、政府和独立评估值之间的合同安排；第二，政府与社会筹资机构签订合同，以此获得旨在提高目标群体生活水平的社会服务，然后社会筹资机构从商业投资者或者慈善投资者处获得运营资金来源，由服务提供者运用投资者的资金提供满足绩效要求的服务；第三，该模式下所涉及的项目由第三方独立评估，如果社会筹资机构没有达到最低目标，政府就无需支付任何报酬，如果超过最低目标，社会筹资机构将会获得事先协商好的报酬。

社会效益债券的创新性更完善地补充了 PPP 模式的不足。社会效益债券使得项目融资问题得以解决，并且在该模式下由独立的筹资机构进行筹资，减少了 PPP 模式下社会组织的资金压力，同时正是由于这种创新，也提高了对项目的监督能力。在社会效益债券模式下，政府不再是服务的提供者，它将更有效率地进一步完善监督管理机制，而且社会效益债券引入社会资本作为外部监督和指导的角色，这些机构的风险管理经验丰富成熟，能够为社会组织提供有效的指导。因此，社会效益债券的创新性更能进一步完善政府和社会资本合作模式发展的制度体系。

3.2.2 社会效益债券的风险淡化性对 PPP 模式的影响

（1）将失败的风险转移给投资者。一般情况下，政府由于财政预算的限制，都是在社会组织完成社会服务项目之后再支付款项，因此社会组织必须要预先垫付运营项目所需资金。但大部分社会组织本身资金预算紧张，无法开展所需资金量大的项目，而社会效益债券就有效地解决了这类问题。社会效益债券将资金投入环节前置，由社会资本先期投入资金，能够确保社会服务组织拥有充足的资金预算，有能力完成资金需求大、影响范围广的社会服务工作。降低了政府预算缩减或慈善捐款减少对服务提供者造成的资金限制影响。当项目结束进行报酬支付时，必须对项目进行可靠的测量和评估，保证达到了绩效要求后政府才给投资者支付报酬。若项目没有达到规定的绩效要求，被认定为失败项目时，政府没有义务支付给投资者相应的报酬，此时所有的损失将由投资者承担，这些损失可能是全部或者部分投资。

（2）避免投资失败项目的风险。在传统政府和社会资本合作模式下，社会项目的资金会在年度预算当中支付，这一惯例导致即使在后续的建设中被认定为失败项目，也无法及时将此项目关闭，依然会造成巨大损失。而社会效益债券模式下，政府在项目成功之前无需进行任何支付，但会通过中央政府专项资金资助地方政府的方式确保支付，但不会投资于失败项目。

（3）减少项目失败的风险。首先，社会效益债券模式下，政府不再是社会服务的提供者，因而能更有效率地对社会服务项目进行监管，再加上社会筹资机构的管理，而且这些机构在成本控制和风险管理上经验丰富，监督意识强，能够在社会服务项目建设过程中提供有效的监督，使得社会服务项目建设效率提高。其次，在项目建设前期，选择社会服务项目提供者时也会考虑与政府有过 PPP 模式合作的社会组织，利用其积累的经验，有助于提高项目成功率。最后，社会效益债券项目的服务提供不是由一家服务机构来完成，而是综合了几家信誉良好的服务机构共同为目标群体提供干预服务。几家共同合作的模式，避免了一家独大情况下对项目建设的过度操作，同时也增加了竞争因素，中介机构为了取得更好的绩效成果，会加强各个服务者之间的协调合作。

总的来说，社会效益债券将社会项目的风险部分或者全部从政府部门转移给私人投资者，让投资者更有动力监督和评估服务提供者的绩效情况，非营利组织通过私人投资者提供的资金扩大社会服务规模，确保资金投入到经过严格绩效测量证实可行的项目上，降低了项目失败的风险。社会效益债券项目通过构建政府、社会资本和社会组织的三角框架，使政府可以更专注于优化政策规划，有效对冲相关风险；社会组织可以更高效地发挥自身优势，专注于操作环节；专业的中介机构可以更好地发挥财务、法律、风险管理等方面的优势来降低风险，实现社会效益债券的风险淡化性。各参与者之间分工越明晰，效率越高，越促进 PPP 模式项目的高统一性、高协调性。

3.2.3　社会效益债券的强监督性对 PPP 模式的影响

社会效益债券的强监督性是指社会效益债券相比传统政府和社会资本合作模式而言，其政府监督作用加强，具有相对完善的政府监督机制，并且有独特的第三方监督机构建设。

（1）政府监督机制。在社会服务项目中，政府是服务项目的设计者、监督者和资金的支付者，因此政府必须站在公平公正的角度上提供客观标的，积极广泛吸引社会组织的参与，而且在项目实施过程中，需要全程把关，对项目进行全方位的追踪，以确保社会效益达标，保证投资者的切身利益，这就需要建立完善的政府监督机制。政府在社会效益债券模式下不再是服务的提供者，就更能有效率地对社会组织的准入进行严格筛选，并建立相关的法律法规对项目参与者进行把控，并通过严格的绩效评估标准对项目进行检验，决定支付与否。

（2）第三方监督机构建设。由于公共服务项目中针对性招标往往参与竞标的很少，有时甚至会出现只有一家社会组织参与的情况，因此，必须建立第三方监督评价机构，进而完善社会效益债券。第三方监督机构是链接政府、投资者、服务提供者、目标群体及其他利益相关者的核心方。这类机构要能运用金融、财务工具，能进行数据分析，如独立评估机构、评估顾问等。这类机构的参与也能改善政府透明度，促使政府寻求能替代现行的无法证明会改善社会结果的项目，或者至少鼓励政府机构收集数据来证明备选项目的有效性，使政府对项目更加审慎。

随着 PPP 模式的发展，项目监管缺失、PPP 合同履行过程中变数太多、信用缺位、制度缺位等问题日益突出，社会效益债券的高度监管恰好弥补了这些问题，促进了政府社会资本合作模式的监管完整化的进程。社会效益债券的监管越严格，越能对传统 PPP 模式的监管提供模板和建议。同时，社会效益债券下项目监管越严格，服务提供者越能专注于项目本身建设，社会筹资机构越能高效率地投资，越能加速 PPP 模式的监管完整性。

3.2.4　PPP 模式和社会效益债券的影响

经过分析可以看出，社会效益债券和 PPP 模式并不是独立存在的，社会效益债券缓解了 PPP 模式下筹资、监管困难的问题，帮助完善了 PPP 模式体系。同时，PPP 模式的发展促进了社会效益债券的创新、监管及风险处理的进步。PPP 模式需要通过社会效益债券改善筹资方式，社会效益债券在 PPP 模式的影响下作用突出，因此两者是相互作用相互影响的。

社会效益债券的创新性、风险淡化性及强监督性是社会效益债券的关键属性，而这些属性又会导致 PPP 模式在不同方向的发展。社会效益债券的创新性完善了 PPP 模式的制度体系，促进 PPP 模式的完整性；风险淡化性使得项目参与方在能各司其职的情况下，互相合作竞争，促进了 PPP 模式下项目建设过程中的协调统一性；强监督性保证政府监督的同时，引入第三方监督机制，促使 PPP 模式下项目建设的高效率。

基于此，本书提出了两者之间的相互影响模型，社会效益债券与 PPP 模式相互作用关系如图 3.1 所示。既讨论了社会效益债券对 PPP 模式的影响，又阐述了 PPP 模式对社会效益债券的作用，从多维度进行研究，对两者的关系进行了双向的探讨。

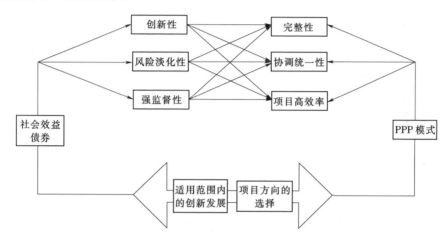

图 3.1 社会效益债券与 PPP 模式相互作用关系图

3.3 PPP 模式与社会效益债券协同内涵及协同机理

3.3.1 PPP 模式与社会效益债券的内涵分析

3.3.1.1 PPP 模式与社会效益债券协同后部门构成的变化

效果付费债券以社会中介机构为中枢，将政府、市场资本、社会组织（非营利服务提供者）耦合衔接于预防性民生公共产品供给，实则是多中心治理理论在公共服务供给领域的现实映射。"多中心治理"强调政府、市场、社会之间的协同共治，激励各行为主体在跨部门沟通与协调中发挥更加积极的作用。政府不再是单一主体，而只是其中一个主体，有许多在形式上相互独立的决策中心从事合作性的活动，或者利用核心机制来解决冲突。但是它并不意味着政府从公共事务领域退出，而是政府角色、责任与管理方式的变化。

　　（1）政府角色之转变：从 PPP 到 PPNP。

　　社会效益债券协调联动公共部门执行力、社会资本的灵活性、非营利组织的社会本位性，统合政府、市场、社会三维治理要素机制于公共服务供给，衍生构造出政府、社会资本、社会组织协同共治的新型公私伙伴关系（public，private and non‐profit actors，Partnership，PPNP），更改了传统公私二元合作伙伴关系模式（Public‐Private‐Partnership，PPP）。

　　化繁为简，PPP 模式和 PPNP 模式都与社会公共利益密切相关，兼具公法私法相融合的性质；同属于从政府供给向合作供给、从单一投入向多元投入的公共产品融资、供给方式创新；都是通过契约约束机制明确各方具体权利和义务的一种混合制的资源配置；亦都属于社会参与治理，都要求政府具有明确的契约精神和履约意识。但是，PPP 模式是一种较为直接的公私二元合作，政府与社会资本之间直接订立协议，一般由社会资本依约供给公共产品，其核心主旨在于将社会资本引入公共服务和公共基础设施建设运营领域，提升公共资源配置效率。尽管凭借与社会资本合作，政府摆脱了公共产品直接"提供者"的身份桎梏，但仍身兼规则的制定者与执行者、项目"合作者"和市场"监管者"等多重角色，并保留了对于协议安排和项目实施的监督和控制权。同源异流，在 PPNP 模式下，政府、私人部门和社会组织在公共服务领域构建一种公私间接的合作关系。为效果付费债券交易结构中增加了中介机构和社会服务组织，它以中介机构作为中枢，政府授权中介机构以合同的方式连接投资者、社会服务供给者，实现了公与私间接合作。作为一个接受政府委托专门致力于推动整个项目绩效的机构，中介机构在交易中扮演着积极的角色。PPNP 模式的核心要义在于权力分散、社会参与治理，允许不同的角色执行项目中所擅长的部分。政府的角色主要在于掌舵而非划桨，"在经济与社会发展中的中心地位，不是作为增长的直接提供者，而是作为合作者、催化剂和促进者体现出来。"

　　众所周知，基于投资回报机制的差异，当下我国 PPP 实践主要表现为政府采购合同和特许经营协议。根据《政府购买服务管理办法（暂行）》《关于在公共服务领域推广 PPP 模式的指导意见》等规定，政府采购合同主要应用于公共服务供给领域，约定由社会资本提供公共服务、政府按照绩效付费。依《基础设施和公用事业特许经营管理办法》，特许经营协议则是在经营性领域约定在一定期限和范围内政府依法授予社会资本提供公共产品及服务的特许经营权，社会资本据此可以获得使用者付费。相悖尤甚，为效果付费债券则侧重于在非经营性的公共服务供给领域，构建公共部门、私人部门和第三部门三元合作伙伴关系，约定由社会资本提供资金、社会组织提供公共服务、政府根据服务绩效偿债。其中中介机构代理政府与社会服务组织所订立的服务购买协议，在一定程度上相近于 PPP 实践中的政府采购合同。两者的内质都是由社会组织替代政府提供公共服务，政府主要作为委托人和付款方（在 PPNP 模式下需要以合同预期效果实现为前提），这是一种合约性的合作，实然属于公共服务外包，而非特许经营中所突显的引入社会资本、由使用者付费的资本性的合作。然而如前所述，PPNP 模式下由于投资者的介入和"提前"投资，使政府和服务提供者均摆脱了先期为公共服务供给资金之义务。不仅如此，由于交易结构内嵌市场机制——为效果付费，服务购买协议更加关注绩效成果尤其是社会成果，质言之是基于结果导向型服务外包，实现风险从纳税人向投资者分散和转移。

（2）中介机构：从无到有再到关键管理者。

在大规模的政府行政改革浪潮中，英国率先而为，英国政府以市场自由精神为取向的政府合同革命，从而将政府合同作为实现公共服务职能普遍方式和管理职能的重要手段。在 PPP 模式下政府实施 PPP 项目，相关机构往往承担着与社会资本方等单位签订合同，这确实是政府合同革命的开端。但是由于政府与社会资本合作过多，政府的专业职能不足以应对项目中发生的各种情况，这时就体现出中介机构的优势。在社会效益债券的运行过程中，中介机构往往发挥着重要的作用，与此同时中介机构也往往承担着专业管理职能。中介组织代理政府与私人资本、社会服务组织所签订的债券融资及购买服务合同具有明显的"政府＋商事""经济＋（公共职能和公共）管理"的特征——代表国家的机构或政府授权的代理人是主体一方，同时也是合同履行的管理监督人。在这里中介机构往往通过合同来进行不同机构之间的链接，中介机构可以说是整个 PPP 与社会效益债券协同中重要的枢纽，它连接着政府方和社会资源方，让多方共同为公共项目各司其职有序运行。

中介机构负责协调为效果付费债券的参与者。中介机构和政府一起在决定哪一个社会问题将被解决的过程中起着重要的作用。他们负责向投资者筹集资金，选择服务提供商，评估他们的业绩，以确保项目的效果达到他们所预期的效果。另外中介机构还管理所有流向各个参与者的资金。中介机构还与投资者、服务提供者和政府机构合作，中介机构帮助确定投资的目标，以期让投资者获得与其投资相称的回报。

在项目的全生命周期当中，中介机构一直都在对项目进行管理。其管理的前提就是各个机构同中介机构签订的合同。在债券目标发行领域确定之后，政府首先就与中介机构达成委托协议，委托其发行债券筹集资金并且监督公共服务的提供。政府与中介机构形成委托代理的关系。在这之后。中介机构就代表政府分别与社会服务组织签订购买服务合同，与第三方独立评估机构签订委托代理协议，与投资者签订债券融资协议。

（3）社会服务组织、投资者和第三方评估机构。

在项目成立过程当中，社会服务者、投资者和第三方评估机构的作用是支撑性的。这里的社会服务者主要指的是服务类 PPP 项目中为目标对象提供必需的服务的机构，在项目中是主要服务提供者。SIBs 结构中的服务提供可以由一个或多个合格的非营利机构承担，这些机构协同工作，以实现中介机构和其他部门确定的目标。如果服务提供者符合当地政府机构制定的标准，通常表明其是成功的。服务提供者在 SIBs 项目中是具有中心地位的，并且他们在所提供的专业领域中有其极强的专业性，是政府或其他部门代替不了的，他们有责任设计和实施向参与者提供的方案服务，并从中介处获得的前期资金。

为效果付费债券从社会投资者处获得资金，与对冲基金类似，只对合格的私人投资者和机构投资者开放。投资者大致可囊括 3 个群体：早期是传统的慈善基金，以公益事业为基金投资的唯一目的；之后是效益优先型投资者，即在实现保底财务回报后，追求社会效益最大化的投资者；在模式成熟后逐渐吸引到的收益优先型投资者（finance first），即追求财务回报最大化，同时兼顾项目的社会效益，类似于社会责任投资。

第三方评估机构选择一名独立评估员来测量项目干预的有效性，并验收是否达到预定目标。例如在彼得伯勒监狱的第一个社会效益债券中，独立评估员的作用就是将确定累犯减少的速度。SIBs 的结构包括一定程度的监督，这消除了许多本来会存在的低效现象，因此产生了长期的节约。

3.3.1.2　社会效益债券的实例分析

由于社会效益债券的提出和应用较少，在实践过程当中英国、法国、美国的实践比较有参考性，下面将对包括彼得伯勒监狱、雷克岛监狱的社会项目进行分析，总结出相关参与方之间的关系。

彼得伯勒监狱项目是应用社会效益债券的第一个付诸实践的项目。英国司法部将这一设想引入公共服务并率先付诸于"累犯预防"项目实践。首先英国政府相关部门授权非营利的中介机构"社会金融"发行社会效益债券，从私人、信托、金融机构进行项目融资，总额达 500 万英镑。项目服务对象覆盖 3000 名在彼得伯勒监狱服刑少于 12 个月，并且在 2010 年 9 月 9 日至 2012 年 6 月 30 日之间被释放的成年男性。在他们被释放后，社会服务组织向他们及家人提供重新融入社会的服务，在这个项目中主要由圣吉尔斯基金等 4 个非营利组织担任社会服务组织。这些社会组织所提供的服务包括住房和就业援助、戒除毒瘾和酒瘾、心理辅导及行为支持等。而该项目的目标是与对照组相比项目目标对象的监狱重返率降低 7.5%，目标实现则投资者可以收回投资，否则政府将无须付费；如果重返率降低超过 7.5%，根据所降低的比例，投资者在项目周期内每年可获得 2.5%～13%的投资回报。独立的第三方评估人将对项

目效果进行监督和评定。司法部在一个单独合同中指定奎奈蒂克公司作为独立
评估机构。该项目周期为 8 年，目前还在进行中，对数据的阶段分析已经映射
出积极的信号迹象。2014 年 8 月，英国司法部根据第三方评估报告公布对第
一组（1000 人）目标对象中期统计结果，表明在释放 12 个月内犯罪，且在此
期间或之后 6 个月内被法院定罪的参与实验项目的服刑者（重返监狱）比率低
于对照组 8.4％。而同时期英国该类人群平均的重新犯罪率却上涨了 16％，比
较而言一期项目成果相当于取得了约 24％的降幅。彼得伯勒监狱项目运行结
构如图 3.2 所示。

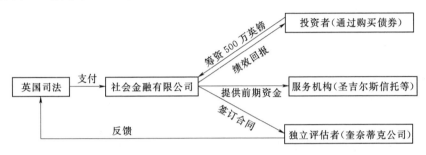

图 3.2　彼得伯勒监狱项目运行结构

美国社会效益债券起源于纽约，2012 年，纽约矫正局与美国教育与社会
政策的非营利组织人力示范研究机构（Manpower Demonstration Research
Corporation，MDRC）签订合同，协作实施青少年行为学习体验计划。
MDRC 受托发行为效果付费债券，从高盛公司融入 960 万美元，开展旨在降
低雷克岛监狱适龄青少年重复入狱率的社会实验，项目周期为 5 年。两个非营
利社会服务组织——奥斯本协会和岛学之友将向该监狱 16～18 岁青少年罪犯
提供培训教育和辅导服务，由维拉司法研究所实施独立评估。如果 5 年之后服
务对象的重新犯罪率比历史数据降低 10％，高盛将收回全部投资。但其最高
回报额被限定为 210 万美元。据测算若该项目投资发挥效用，纽约市政府将节
约司法成本约 2000 万美元。青少年行为学习体验计划社会效益债券运行模式
如图 3.3 所示。相较于英国彼得伯勒项目实践，纽约青少年行为学习体验计划
实践创新有两个：一是由彭博慈善基金会提供 720 万美元赠款作为债券增信。
如果项目失败，彭博慈善基金会赠款将用于弥补高盛的直接损失。但如果项目
取得成功，高盛公司应得的本金和利息由纽约市惩教局支付，彭博基金提供的
资金则由 MDRC 留存，用于未来的 SIB 项目。二是预先设定了一个投资拐点，
即在第三年结束时根据对第一批接受项目目标对象的跟踪评估结果，项目投资
者有权选择放弃或继续投资。不容置喙，社会效益债券不是应用于所有公共服
务范畴、解决各种社会问题的普适良方。

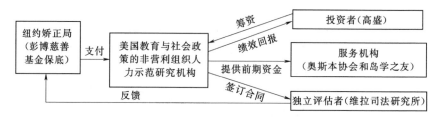

图 3.3　青少年行为学习体验计划社会效益债券运行模式

麦肯锡公司研究表明，社会效益债券特别适合行为改变方面的干预措施。所选择的债券发行领域一般是与人的发展有关的服务，具备以下共性要素特质：①有明确的目标对象人群；②所涉社会问题具有复杂性，不缺乏有效的解决方案，而是尚无单一有效的解决方法，需要多部门的协同合作；③前期需要大量投资，政府财政和慈善资金暂时不能覆盖；④前期预防性干预成本显著低于解决性干预；⑤预防性干预方案具有鲜明的独立性和可辨识性；⑥数年之内可产生明确的和可衡量的结果且数据具有可获得性。

3.3.1.3　PPP 模式与社会效益债券各个参与方结构模型形成路径分析

在现存尚未完成的 SIBs 项目中，这些项目的安排总是相似的，对待项目参与者的激励措施总得与预期的结果保持一致，以使得所有的参与者保持一致的专业水平，以确保债券的发行和方案的成功实施。在 SIBs 运行过程中，项目参与者行为关系的基本模型如图 3.4 所示。

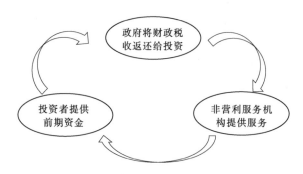

图 3.4　项目参与者行为关系的基本模型

在这类项目中，公共福利主要来源于低税收和改善福利。项目中的各个参与者在项目运行过程中都能使自身获益，包括收益和效益。除了政府、投资者和非营利服务机构，在这类 SIBs 项目中中介机构和第三方评估机构的作用同样不可忽略。SIBs 项目各个参与方运行模型如图 3.5 所示。

协同系统具有 3 个必要特征，即开放性、非线性和非平衡性。PPP 项目模式具备开放性特点，即项目始终处于开放复杂的系统中，需要连续不断的吸

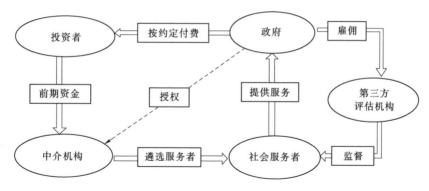

图 3.5　SIBs 项目各个参与方运行模型

收资本、人力、技术、信息等；具备非平衡性特点，即任何平衡都是相对的；项目中的主要参与方政府、实践方和中介机构之间的作用机制均是非线性的，符合非线性的特征。因此，PPP 模式与社会效益债券协同符合协同理论的可行性。

3.3.2　PPP 与社会效益债券的协同的方式

PPP 和社会效益债券的协同立足于长远的、持续的、高效的、良性的协同共生与演进发展过程，是系统内部各子系统、各要素之间以及系统与外部对象之间通过有效的协作和科学的协调，以达到整体和谐的动态过程，既包括系统内部从无序到有序、从低级到高级的运作发展过程，也包括系统与外部对象的协调发展。因此，从广义的角度分析，本书将协同划分为宏观层面系统层次、微观层面系统层次两个层次，其中低层次协同是高层次协同的基础，而高层次协同是低层次协同的保障。

3.3.2.1　宏观层次

作为一种基本融资模式，PPP 和 SIBs 协同本质上是为经济发展服务的，但是其社会效应不可忽略。经济是社会的基础，经济发展水平决定着国家的发展水平，所处地区经济越发达，社会服务需求也会越大，由此对基础建设的扶持程度也会越高。拥有一个宽松、良好的外部发展环境，会进一步促进社会发展水平的提高。反过来，经济建设也是经济发展的重要推动力之一。PPP 项目建设过程中的关联产业多，与其他产业相互依存、相互影响，因而既能促进经济的发展，也可能阻碍经济的发展。同时，作为一个开放系统，项目的运作要从外界环境获取各种资源、信息、能量，同时也会向外界输出资源、信息、能量。因此，基于社会建设项目的可持续发展理念，必须实现社会建设项目与经济、社会、环境的协同发展。PPP 和 SIBs 的运作发展必须从战略层面上思考与经济、社会、环境等的协同发展问题，要符合地区经济产业发展规划，符合资源集约发展、绿色环保的发展思路。

3.3.2.2 微观层次

PPP 与 SIBs 的内部协同是系统内部各个要素之间的相互作用，即各子系统、子要素之间如何通过有效的协作、科学的协调，以达到整体和谐的动态过程，如何从无序到有序、从低级到高级的发展过程，包括各个节点之间的协同产生、发展演化路径与协同运行逻辑。

3.3.3 PPP 与社会效益债券协同的基本要素

PPP 与社会效益债券协同的基本要素：协同目标、协同主体、协同对象。

3.3.3.1 协同目标

协同目标应该是各个节点都期望实现的结果，协同目标包括整体目标与个体目标。整体目标是协同的共同目标。一般来说，协同的共同目标是实现高效、高水平的运作与良性发展，以最大程度地发挥协同效应，具体表现在降低运作成本、提高服务水平、增加企业收益、提高资源利用率、降低运营风险、提升企业竞争力、拓宽市场范围等。个体目标是每个节点成员的目标，由于各个成员主体不同，各个成员企业都有自身的运营目标，通过以上的协同运作达成共同的整体目标。对于各个节点而言，协同的个体目标是为了获取单独运作时所不能实现的效益，包括对利润、成本、风险、市场份额等多方面的考量。

3.3.3.2 协同主体

协同主体上的各个节点，其节点成员除了有 PPP 的私人投资者、项目管理者、政府和公众，还有社会效益债券社会服务提供者、独立评估机构。在这里将项目服务的需求方与最终用户均称为社会公众。因此，主要有政府、中介机构、社会服务方（投资者、服务提供者、独立评估机构）三类节点，成为协同的主体。

3.3.3.3 协同对象

协同对象即协同主体在协同过程中需要协同的内容，包括利益协同、信息协同、组织协同、思想协同等。

3.3.4 PPP 与社会效益债券协同的界面

PPP 与 SIBs 协同界面如图 3.6 所示，具体协同方向如下：

前向协同：即中介机构与私人投资和服务提供者等部门的协同，这是一种供需的协同。

后向协同：即中介机构与政府的协同，政府通过授权给中介机构权力。实际上这是一种管理协同。

横向协同：即社会投资者、社会服务提供者、独立评估机构之间的协同，在各个部门之间存在的协同效应属于项目运作过程中的协同，在各个方面发挥自己的作用，如独立评估机构需要监视各个部门的运行、绩效的评价等内容，作为独立的第三方具有独立自主的监管作用。

间向协同：由于政府与各个部门存在的监督管理作用，故也存在一种协同，称为间向协同。

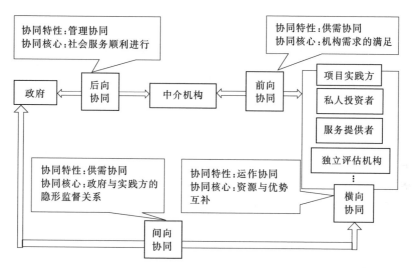

图 3.6　PPP 与 SIBs 协同的界面

本书主要研究的重点协同方向是前向协同、后向协同与间向协同，运用协同学的方法，解释在 PPP 模式与社会效益债券协同下，整个系统发生着怎样的变化。下面将论述 3 种协同的重点及形式。

首先，中介机构与项目实践方的协同，实质上代表了项目前期提供资金一方与项目实践一方的协同，理论上存在协同关系合作型与共生型。合作型即一方独立性强，另一方较大程度地依赖于这一方生存与发展。由于是一种服务模式，因此对于项目实施方而言，当项目选择与中介机构合作时，便决定了项目的性质与实施途径。当项目的中介机构进行选择时就可以得出项目实践方的选择，做出自己的选择，为项目选择最适合目前项目的合作方。因此，依赖性合作型多表现为项目实践部门依赖于中介机构的情况。形成该种协同关系的主要原因可能是项目中介机构对项目进行管理过程中对于各种机构组织的选择性较多。共生型即中介机构与社会实践机构之间形成了一种不可或缺的依赖关系，对于社会实践机构来说，其所有项目取决于项目实践各方的具体践行，中介机构本身只对项目进行监管。对于中介机构或者社会实践机构来说，任何一方的退出对另一方的影响都较大。

其次，对于政府和中介机构之间的协同同样是研究重点。政府授权给中介机构，中介机构更多地依赖于核心节点，并有利于核心节点的发展。在项目进行过程中，不同机构都是不同的利益主体，项目能够集结不同资金，其中一方面来源于政府所提供的增信，所以中介机构取代政府在项目中所扮演的角色。政府的这种管理关键是做好政府与中介机构之间的协同。因此，政府和中介机构之间的协同关系表现为一种合作协作关系。

最后，项目实践者之间的协同关系。项目实践者都是独立的利益主体，为了自身利益的最大化，项目实践者之间项目监督、促进。同时为了共同的生存与发展，项目实践者之间还存在着相互的合作和依赖关系。当然，要注意的是在现实的运作中，节点之间的关系往往并不仅仅表现为某一种关系，而是多种关系的交叉共存。而且在不同的发展时期，节点之间的关系也可能会不一样。

3.3.5　PPP 与社会效益债券的协同环境

协同环境是存在于系统以外的对于协同有影响的物质、能量、信息等事物的集合，如各种政治、经济、法律、社会制度、自然与社会人文环境、经济发展水平、科学技术、交通能源、物流产业结构、物流行业发展水平等。协同主体与环境之间不断进行着物质、能量、信息的交流，两者相互影响，相互作用。环境的影响既有积极的方面也有消极的方面，因此既要善于充分利用环境的积极因素，促进有效协同，也要注重采取适当的方法和手段，尽可能地避免环境对于协同发展的消极影响，还要注意协同环境不是一成不变的，随着时空及条件的变化而变化。

3.4　PPP 模式与社会效益债券协同机理体系的提出

一般来说，机理指的是事物运作的内在原理和规律。协同机理就是对系统运作发展过程中内在的、本质的协同运作与发展逻辑的理论表述。根据协同内涵，如果从广义角度考虑，协同机理包括宏观、中观、微观三个层面的研究范畴。宏观层研究与社会、经济、自然环境等的协同机理，即如何与外界环境实现良好互动与协调的运作与发展逻辑；中观层面研究服务系统中不同之间的协同机理，即如何实现不同节点之间的合理分工与协作的运作与发展逻辑；微观层研究的内部协同机理，即内部节点之间的协同运作与发展逻辑。本书的研究是从微观层面展开的。由于协同既是一种行为，也是一种过程，蕴含动态性、过程性和发展性的特质。协同的动态性从本质上体现为节点协同关系的变化上，从而引起节点协同行为的变化。因此，本书尝试按照节点协同关系的动态发展变化，对协同机理进行探索。

本书将协同关系的发展过程划分为形成期、生长期、稳定期与演变期，如图 3.7 所示。在项目进行过程，随着协同的不断深化系统的效应不断变化。

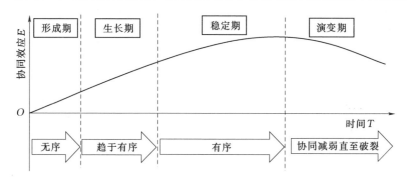

图 3.7　协同关系发展阶段划分

3.4.1　形成期

形成期节点之间的协同关系从无到有，协同行为处于一种无序状态，多是短期的、不稳定的，或是局部的。一般来说，节点产生的同时，节点间的协同关系也正式建立起来，但是协同关系的形成是渐进的，在节点产生之前，节点之间的协同关系已经慢慢展开。在这一阶段主要研究的是协同的形成机理。

3.4.2　生长期

生长期节点之间的协同关系处于一种逐步适应、逐步深化的过程，协同行为也从无序趋于有序的状态，节点处在对新的规章制度及合作伙伴的适应和调整过程中不断寻求协同的稳定性与长期性。这一阶段主要研究的是协同的生长机理。

3.4.3　稳定期

稳定期节点之间的协同关系处于相对成熟、稳定的状态，协同行为也相对有序，节点之间相互信任、相互依赖，对协同满意度高，风险承受能力增强，愿意并持续加大对维持长期稳定协同关系的投入。这一阶段主要研究的是协同的运行机理。

3.4.4　演变期

由于各种内外部原因，节点之间的协同关系会发生演变，演变可能是协同关系的进一步深化，从低级有序走向高级有序的状态，也有可能是协同关系的弱化，甚至是协同关系的破裂。协同的破裂不一定意味着生命周期的终止，协同的破裂是现有成员之间协同关系的终止，可以通过成员的变换或经营方向的调整，开始一轮新的生命周期。这一阶段主要研究的是协同的演化机理。

协同形成机理揭示了协同产生逻辑与协同的动因及条件。协同生长机理探析了上节点协同生长的自组织演化逻辑。协同运行机理分析了内在的运行逻辑及运行思路。协同演化机理探究了节点之间的协同关系如何从低级进化到高级，或从高级退化到低级，甚至走向协同破裂的变化发展逻辑。

可以看出，节点间协同关系的变化过程也可以抽象为一个类似生命周期的动态发展过程，这个过程始于协同关系的形成，止于协同关系的瓦解或破裂，其在一定程度上类似于但又不同于生命周期从产生、成长、成熟直至最终消亡的整个过程。协同是系统得以产生与发展的核心作用力，协同关系的发展演化过程会影响生命周期的演进，同时也要遵循生命周期的演进规律。对于协同的研究更侧重于节点之间协同关系的发展变化，要探究的是在运作与经营过程中系统化的协同运作逻辑、方法及协同演化原理，对内部协同机理的揭示，有利于为其科学高效运作与良性发展提供依据。

第 4 章

PPP 模式与社会效益债券协同形成机理

本章通过对 PPP 模式与社会效益债券协同的形成机理进行研究，揭示了协同产生的逻辑与协同的动因和协同可能产生的条件。协同的动力是指在协同产生过程中协同作用的动机，同时将这种动机和意愿转化为实现 PPP 模式与社会效益债券协同行为的产生，这种动机是协同开始的标志行为。协同存在项目的各个部门之间，会把自己的发展与项目整体的发展形成共同体，实现项目快速发展。

4.1　PPP 模式与社会效益债券形成机理概述

项目相关方的协同行为并不是始而有之的，无论是政府和中介机构的协同还是中介机构与社会实践方的协同，这两种协同的形成都是受到内、外部驱动力的共同作用而逐渐出现的。外部驱动力主要源于经济发展、市场变化及技术发展等因素，称为外部动因。内部驱动力主要源于项目的盈利能力、项目的社会效益和组织不断对效率、效益的追求等因素，称为内部动因。外部动因与外部社会环境的发展紧密相关，表现为一种外在的、客观的、推动式的驱动特性；内部动因与企业自身的生存与发展需求相关，表现为一种内在的、主观的、拉动式的驱动特性。对于 PPP 模式与 SIBs 项目而言，外部动因的驱动及源于专业化分工而自然形成的项目企业间的关联性并不会必然导致协同运作，实现协同的关键在于各主体对协同产生的盈利效应的追求，即组织的逐利行为，这才是真正形成 PPP 模式与 SIBs 协同的动力因素。通过 PPP 模式与 SIBs 协同，找到各个成员组织之间所共同追求的目标，实现项目的最佳效果。PPP 模式与社会效益债券协同影响因素见表 4.1。

表 4.1　　　　　　　　　　　**PPP 模式与 SIBs 协同影响因素**

影响因素	要　素	说　　明
经济因素	国民经济发展、产业结构变化	经济的全球化、世界经济的一体化等外部因素的影响，加之社会发展面向社会分工专业化的趋同，极大地促进了 PPP 模式与社会效益债券协同的提出和发展
制度因素	经济体制文化	我国政府不断深化体制改革，对市场的管控手段日渐成熟，已经由单一的计划指令发展为以市场为主导、计划与市场相结合这种基本方式，顺应了市场经济的必然性和规律性
文化因素	协同文化、管理文化、战略支持	三类影响各组织成员间协同的主要因素包括协同文化要素（包括信任、双赢、信息共享、公开和沟通等）、管理变化（包括跨功能活动、流程联合、共同决策、绩效评估）、战略支持元素（包括资源/承诺、企业关注、具体业务和技术支持），其中文化要素是重要的要素
合作关系	沟通、信任、承诺；目标一致、相互依赖	合作关系以沟通作为起始因素，经过建立双方的信任关系后产生承诺和合作，并对协同产生正性影响。在系统当中，影响协同的合作伙伴关系有成员之间的相互依赖、信任、长期合作、沟通及信息分享等
效益因素	经济效益和社会效益	大部分的 PPP 项目和社会效益债券项目都具有经济效益和社会效益相结合的特征，但是在社会发展中，相关企业的最终目标都是实现盈利，只有这样企业包括参与各方才能够有所收获。所以，在协同之后的规范的管理与参与使项目的收益得到最大的保障

4.2　PPP 模式与社会效益债券协同的效益与产生机理

4.2.1　PPP 模式与社会效益债券协同的效益

波特认为，价值链通过专业分工可以降低企业的执行成本、提高企业差异，进而提高竞争优势。而管理控制理论下的协同效应通常为交易成本的最小化。交易成本可以看成是协调人们在分工时发生的利益分歧所费的资源的价值。因此，协同效应的产生往往伴随执行成本和交易成本的下降。

在 PPP 模式与社会效益债券协同过程中，虽然具体实施过程有所不同，但它们涉及的行为主体始终都是政府、中介机构和社会实践方，政府与社会实践方将作为整个系统中的两大子系统，而中介机构作为外部参与控制量。三方通过资金、信息、监督和反馈联系在一起，同时与外界环境进行能量交换，各个环节之间相互制约、相互影响，共同推动项目顺利进行，同时满足各个主体方自身的要求，使得各主体方效用最大化。

系统的各要素、各子系统在运作过程中，由于协同的行为会产生出不同于各要素及各子系统的单独作用，所产生的系统整体效用就可以理解为协同效应。

$$\begin{cases} CE = F(C) - \sum_{i=1}^{n} F(x_i) \\ C = f(x_1, x_2, \cdots, x_n) \end{cases}$$

式中：CE 为协同效应；$F(x_i)$ 为要素 x_i 产生的效用；$F(C)$ 为系统 C 产生的效用。

下面列举效应的 3 种情况。

4.2.1.1　协同的正效应

协同的正效应使得系统中各要素相互作用产生效应的整体增值，即 $CE > 0$。在协同之前各个部分的效应相加的总和小于系统整体产生的效应。

4.2.1.2　协同的负效应

协同的负效应使得系统中的各个要素相互作用产生的效应的整体贬值，即 $CE < 0$。在协同过程中，各参与方由于对项目不熟悉，运行效率低，沟通差或者任何一方出现问题等都会产生协同的负效应。

4.2.1.3　无协同效应

无协同效应指系统中的各要素相互作用产生的效应同协同之前比没有变化，即 $CE = 0$。无协同效应的产生主要有两种情况：第一，系统只是各个子系统简单的叠加，子系统之间并不存在任何相互作用，此时，f 是一个线性函数，即 $C = x_1 + x_2 + \cdots + x_n$；第二，系统整合或协同的复杂性。

4.2.2　PPP 模式与社会效益债券协同的产生机理

无论是外部的协同动力因素还是内部的协同动力因素，都趋向于让系统向协同的方向发展。在 PPP 模式与社会效益债券系统下，各个系统要素或者变量都在协同合作的基础上产生综合运作效应。

4.2.2.1　基本思路

著名学者哈肯把在一定外部条件下由系统内部不同变量相互作用而使系统发生的协同演化过程用数学模型表述出来，即哈肯模型。他先把系统中变量设定为快、慢两类，通过计算找出系统的快变量及系统线性失稳点，再消去系统中的快变量，进而得到系统的序参量方程和演化方程组，基于此，可以有效研究复杂系统自组织协同演化。因此，弄清楚协同产生机理的关键在于找到控制协同的主导变量。通过上文的分析找出 PPP 模式与社会效益债券协同的动力因素，分别是外部的经济因素、制度因素、文化因素、合作关系及内部的效益因素。对政府来说，项目的社会效益固然重要，但归根结底是要获得效益。社会投资者、服务提供者或独立评估机构更加注重项目的经济效益，以获得收入。本书以相关方利润序参量方程进行分析，在控制参量方面，主要选取了相关方的投资和成本，在各个环节中，设投资随成本变动而变动。这里的投资包括金钱、服务等的投入，成本包括金钱、人力、物力的成本投入。

假定条件如下：

设相关方的利润额 $P = P_0 + P_t$，其中 P_0 为相关方的基准利润值；P_t 为随着投资人投资、成本变化而产生的相关方利润的变化利润值。

设项目相关的总投资 $I_e = I_k + I_t$，其中 I_k 为相关方的直接投资，包括在中介机构融资过程中的股权融资、债权融资和发行债券，这类投资为项目提供前期的资金，通过中介机构的中间效应，使得项目顺利进行；I_t 为服务投资增加，主要是指随着项目的进行，随项目的服务成本增加，而相应增加的可变的投资，例如通过购置新装卸、运输、存储、配货等设备，建设先进的项目管理信息系统、增加新的人力资源等投资方式，以及对项目在进行过程中的主要环节实施模式的选择，来组织合理化的项目建设环节，实现合理的规划优化目标。

设备相关方总成本 $C_e = C_k + C_t$，其中 C_k 为项目投资增加带来的成本变化，在项目建设过程中，必要的开支，如项目相关建设所需要的机械、设备、人力等投入带来单位成本上升，或者雇佣机构人员等必要的成本上升；C_t 为项目服务投资增加带来的成本变化，为了实现项目的目标，根据项目的进度而增加的成本就是项目服务投资增加带来的成本的变化，即为了项目实现效益的最大化而进行的信息、人力、设备的备用资源的可能带来的成本。

4.2.2.2　模型的建立

一般地，哈肯模型的建立，用一个主要序变量加上一个相关子系统，这里，先考虑最简单的一种两两协同的例子。q_1 表示一个变量，而 q_2 表示另外一个变量，这种方程的一个明显的例子是

$$\dot{q}_1 = -\gamma_1 q_1 - a q_1 q_2 \tag{4.1}$$

$$\dot{q}_2 = -\gamma_2 q_2 + a q_1^2 \tag{4.2}$$

再次假定，式（4.1）不存在时式（4.2）是有阻尼的，这要求 $\gamma_2 > 0$。这里应用绝热近似成立，为此要求

$$\gamma_2 \gg \gamma_1 \tag{4.3}$$

虽然在式（4.1）中出现的 γ_1 带有负号，根据式（4.3），可以利用 $\dot{q}_2 = 0$ 近似地求解得到

$$q_2(t) \approx \frac{b}{\gamma_2} q_1^2(t) \tag{4.4}$$

因为式（4.4）表示式（4.2）立即追随式（4.1），故称式（4.2）受式（4.1）役使。把式（4.4）代入式（4.1）中得

$$\dot{q}_1 = -\gamma_1 q_1 - \frac{ab}{\gamma_2} q_1^3 \tag{4.5}$$

可以得出，当 $\gamma_1 > 0$ 或者 $\gamma_1 < 0$ 会有两类完全不同的解，若 $\gamma_1 > 0$，则 $q_1 = 0$，因而也有 $q_2 = 0$，即完全不发生任何作用。然而，如果 $\gamma_1 < 0$，式（4.5）的稳定解为

$$q_1 = \pm \left(\frac{|\gamma_1||\gamma_2|}{ab} \right)^{\frac{1}{2}} \tag{4.6}$$

由式（4.4）可知 $q_2 \neq 0$，因而，这里 q_1 作用参量即序参量。

协同学在描述系统运作方程中，将仅在短时间起作用、临界阻尼大、衰减快，对系统的演化方程、临界特征和发展前途没有明显作用的参量归为快弛豫参量，这些参量不是影响企业宏观运作状况的根本因素。相反，将仅在长时间起作用、临界阻尼小、衰减慢，对系统的演化方程、临界特征和发展前途有明显作用的参量归为慢弛豫参量，这些参量是影响企业宏观运作状况的根本因素。在这里，项目的利润即为慢弛豫参量，是可以影响整个系统变化的序参量。

设 η 为对项目所得利润的阻滞系数，由以上公式演化，则项目相关方所得利润的序参量方程为

$$\dot{p}_i = \frac{\mathrm{d}p_i}{\mathrm{d}t} = \phi_1 (I_{ik} - C_{ik}) + \phi_2 (I_{it} - C_{it}) p - \eta p_i^3 + \bar{\omega}_t \tag{4.7}$$

式中：ϕ_1、ϕ_2 分别为在项目进行过程中对项目建设的直接投资和间接投资，即成本的变化对于项目利润产生的影响，设置均大于 0；$\bar{\omega}_t$ 为随机涨落项。

利润 P 和其势函数 V 具有如下关联：

$$\dot{p} = -\frac{\partial V}{\partial P} \tag{4.8}$$

由式（4.8）得利润的势函数 V 为

$$V = -\phi_1 (I_{ik} - C_{ik}) p_i - \frac{1}{2} \phi_2 (I_{it} - C_{it}) p_i^2 + \frac{1}{4} \eta p_i^4$$

$$= -Z p_i - \frac{1}{2} J p_i^2 + \frac{1}{4} \eta p_i^4 \tag{4.9}$$

式中：Z 为项目直接投入与成本所带来的利润的效率变动；J 为项目间接投入或者随项目进行的附加投资与成本带来的效率的变动。

随着 Z 与 J 的变动，协同系统的变化是十分明显的。

当 Z 与 J 均大于零时，可以画出势函数的基准曲线，如图 4.1 所示。

同样还是 Z 与 J 均大于 0 时，设此时 J 不变，Z 增加，则此时势函数图像发生变化，如图 4.2 所示。

同样还是 Z 与 J 均大于 0 时。设此时 Z 不变，J 增加，则此时势函数图像发生变化，如图 4.3 所示。

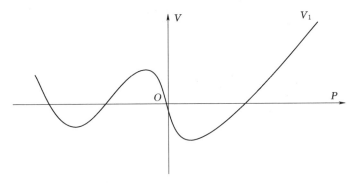

图 4.1 势函数的基准曲线

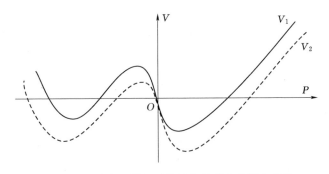

图 4.2 J 不变 Z 增加时势函数的基准曲线与变化

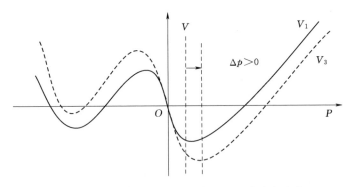

图 4.3 Z 不变 J 增加时势函数的基准曲线与变化

4.2.2.3 结合 PPP 模式与社会效益债券协同的机理分析

（1）中介机构与政府之间的协同。基于假设进行分析：

假设 1：项目融资所获得投资 I_e 是一定的，投资者投入的资金由中介机构进行保管，政府和中介机构处在相同的地位和状态，即所接受的投资一定。

假设 2：协同前后的利润增加的阻滞系数相同。

假设 3：在没有协同之前，政府对于项目的方方面面都起到影响作用而不能够授权。

由此可以得出政府和中介机构协同前后的利润势函数。

协同前后政府的利润势函数为

$$V_1 = -\phi_1(I_{1k}-C_{1k})p_1 - \frac{1}{2}\phi_2(I_{1t}-C_{1t})p_1^2 + \frac{1}{4}\eta p_1^4 \tag{4.10}$$

$$V_1' = -\phi_1(I_{1k}'-C_{1k}')p_1 - \frac{1}{2}\phi_2(I_{1t}'-C_{1t}')p_1^2 + \frac{1}{4}\eta p_1^4 \tag{4.11}$$

协同前后中介机构的利润势函数为

$$V_2 = -\phi_1(I_{2k}-C_{2k})p_2 - \frac{1}{2}\phi_2(I_{2t}-C_{2t})p_2^2 + \frac{1}{4}\eta p_2^4 \tag{4.12}$$

$$V_2' = -\phi_1(I_{2k}'-C_{2k}')p_2 - \frac{1}{2}\phi_2(I_{2t}'-C_{2t}')p_2^2 + \frac{1}{4}\eta p_2^4 \tag{4.13}$$

对于政府而言，由于中介机构的加入，政府把在融资、招标、项目参与方的选择等方面的业务都转移给了中介机构，对于政府来说，这极大地减轻了负担，同时政府还实现"利润"的增加，即 $(I_{1k}'-C_{1k}') > (I_{1k}-C_{1k})$。同样，$(I_{1t}'-C_{1t}') > (I_{1t}-C_{1t})$ 表现了中介机构专业化的运作，提高了项目效率，把政府从多个职能中脱离出来，使服务类的费用减少。

对于中介机构而言，政府与中介机构签订一系列的协议，正式授权给中介机构担当政府在项目中的部分责任，由于权力的增加，中介机构相关的直接投入和间接投入都趋于增长趋势，其中 $(I_{2k}'-C_{2k}') > (I_{2k}-C_{2k})$，另外 $(I_{2t}'-C_{2t}') > (I_{2t}-C_{2t})$。

由式（4.10）～式（4.13）可以得出这样的结论，通过政府与中介机构进行协同，产生了协同效应。

（2）中介机构与社会实践相关方之间的协同。基于假设进行分析：

假设 1：项目融资所获得投资 I_e 是一定的，投资者投入的资金由中介机构进行保管，社会相关方包括社会投资者、服务提供者、独立第三方评估机构，对于即所接受的投资一定。

假设 2：协同前后的利润增加的阻滞系数相同。

假设 3：在协同之前，社会实践相关方由政府授权。

由此可以得出中介机构协同前后的利润势函数。

协同前后社会实践相关方的利润势函数为

$$V_D = \sum_{i=1}^{n} V_{Di} = -n\phi_1(I_{3k}-C_{3k})p_3 - \frac{1}{2}n\phi_2(I_{3t}-C_{3t})p_3^2 + \frac{1}{4}\eta p_3^4$$

$$\tag{4.14}$$

$$V_{\mathrm{D}}' = \sum_{i=1}^{n} V_{\mathrm{D}i} = -n\phi_1 \sum_{i=1}^{n} (I_{3k}' - C_{3k}') p_3 - \frac{1}{2}\phi_2 \sum_{i=1}^{n} (I_{3t}' - C_{3t}') p_3^2 + \frac{n}{4}\eta p_3^4$$

$$(4.15)$$

协同前后中介机构的利润势函数为

$$V_2 = -\phi_1 (I_{2k} - C_{2k}) p_2 - \frac{1}{2}\phi_2 (I_{2t} - C_{2t}) p_2^2 + \frac{1}{4}\eta p_2^4 \qquad (4.16)$$

$$V_2' = -\phi_1 (I_{2k}' - C_{2k}') p_2 - \frac{1}{2}\phi_2 (I_{2t}' - C_{2t}') p_2^2 + \frac{1}{4}\eta p_2^4 \qquad (4.17)$$

对于社会实践相关方而言，经过统一的管理，每个部门各司其职，能够把各个部门专业化优势发挥出来，本身可以创造效益，即 $(I_{3k}' - C_{3k}') > (I_{3k} - C_{3k})$。同样，$(I_{1t}' - C_{1t}') > (I_{1t} - C_{1t})$ 表现出中介机构专业化的运作。提高项目效率，各个机构能向一个整体一样，各负其责于项目的各个方面。

对于中介机构而言，中介机构对于社会实践相关方进行统筹安排，并且专业化程度也比较高。所以，中介机构相关的直接投入和间接投入都趋于增长趋势，其中 $(I_{2k}' - C_{2k}') > (I_{2k} - C_{2k})$，另外 $(I_{2t}' - C_{2t}') > (I_{2t} - C_{2t})$。

由式（4.14）～式（4.17）可以得出这样的结论，通过社会相关方与中介机构进行协同，产生了协同效应。

（3）社会实践相关方之间的协同。基于假设进行分析：

假设 1：项目融资所获得投资 I_e 是一定的，社会实践相关方包括社会投资者、服务提供者、独立第三方评估机构等社会实践方都有一定的收益，对于即所接受的投资一定。

假设 2：协同前后利润增加的阻滞系数相同。

假设 3：各个相关方投入与产出基本一致。

由此可以得出社会实践相关方、中介机构协同前后的利润势函数。

协同前后社会实践相关方的总利润势函数为

$$V_{\mathrm{D}} = \sum_{i=1}^{n} V_{\mathrm{D}i} = -n\phi_1 (I_{3k} - C_{3k}) p_3 - \frac{1}{2}n\phi_2 (I_{3t} - C_{3t}) p_3^2 + \frac{1}{4}\eta p_3^4$$

$$(4.18)$$

$$V_{\mathrm{D}}' = \sum_{i=1}^{n} V_{\mathrm{D}i} = -n\phi_1 \sum_{i=1}^{n} (I_{3k}' - C_{3k}') p_3 - \frac{1}{2}\phi_2 \sum_{i=1}^{n} (I_{3t}' - C_{3t}') p_3^2 + \frac{n}{4}\eta p_3^4$$

$$(4.19)$$

对于社会实践相关方而言，每个部门各司其职，通过不同部门的相互配合与合作，能够把各个部门专业化优势发挥出来，本身可以创造效益，即 $(I_{3k}' - C_{3k}') > (I_{3k} - C_{3k})$。同样，$(I_{1t}' - C_{1t}') > (I_{1t} - C_{1t})$ 体现了部门之间相互配合提高了项目完成的效率，各个机构能向一个整体一样，各负其责于项目的各个方面，由此带来效益。

由式（4.18）～式（4.19）可以得出这样的结论，通过社会实践相关方之间进行协同，产生了协同效应。

由上面的分析可以得出，无论是政府与中介机构还是中介机构与社会实践相关方，抑或是社会相关方之间，都存在着通过协同产生的协同效应得到各方的利益最大化的诉求。

协同的形成源于协同动力的存在，协同动力能够激发各节点产生协同运作的动机或意愿，在协同动机或意愿的驱使下，产生实现协同运作与发展的行为。

协同的外部驱动力主要源于经济发展、市场变化等因素，外部动因与外部社会环境的发展紧密相关，表现为一种外在的、客观的、推动式的驱动特性。其中，中介机构的出现与发展起到了十分关键的作用，起到了打通中间渠道的角色作用。协同的内部驱动力主要源于组织间的内在关联性及不断对效率、效益的追求等因素，内部动因表现为一种内在的、主观的、拉动式的驱动特性。其中，各主体对其协同的根本追求，其实是对协同产生的利益效应的追求。

第 5 章

PPP 模式与社会效益债券协同生长机理

本章通过探讨协同的动态生长过程，研究系统中各个节点的生长演化及稳定状态的约束条件。

5.1 PPP 模式与社会效益债券的协同生长机理概述

在自然界中处于同一环境下的两个或多个种群相互竞争、相互依存、协同共生的现象十分普遍，在漫长的进化过程中，它们形成了精确而完善的系统、经济而精巧的结构、可靠而协调的功能，能够高效地使用物质和能量。对于社会生态系统的协同研究，在很大程度上可以借鉴自然生态系统的协同特性。正是一个个点成员之间相互影响、相互制约所构成的社会生态系统，从群体生态学的观点来看，一个"物种"上的各类成员可以看作是同一物种的不同"种群"，具有很多与自然生态系统相似的特征。本章拟借助自然生态系统中的增长模型来描述协同生长机理节点的生长过程，借鉴种群生态学描述生物物种间关系的模型，建立相应的协同生长模型来分析节点之间的协同生长机理。

5.2 PPP 模式与社会效益债券协同生长模型

节点组织如中介机构在生长进化过程中会受到三个基本因素的影响——节点自身的能力、与其他节点的相互作用、生存环境，这种过程类似于生物的进化过程。根据种群生态学的观点，如果不考虑种群之间的相互作用，当种群在一个有限的空间中增长时，种群的数量会受到食物、空间和其他资源的限制，随着种群密度的增大，种群内个体之间对资源及各种生存条件的竞争将更为激烈，从而会降低种群的实际增长率，甚至使种群数量下降。种群在有限环境中连续增长的一种最简单形式是逻辑斯谛（Logistic）增长。

假定节点企业独自在一个环境中生存时，其经济效益利润增长符合增长模型，并假定在研究周期内节点无迁移现象，即不发生节点的加入或退出。

有如下假设：

假设 1：以 F_i 为第 i 个节点在时刻 t 的经济效应。即假定模型节点的经济效益是时间 t 的函数。

假设 2：由于受到社会经济发展水平、客观资源容量，包括原材料、土地、劳动力、技术、资本和市场规模等及企业自身能力的影响和制约，各个项目相关方的经济效益不可能无限增大，每个企业的经济效益都有一个潜在的极限。设处于当前环境时，节点可达的经济效益最大值为 N_i，N_i 为大于 0 的常数。

假设 3：相关节点方的经济效益的增长率会随着经济效益水平的提高而下降，用 $\left(1-\dfrac{F_i}{N_i}\right)$ 反映节点自身对经济效益增长产生的阻滞作用，并假定这种阻滞作用是立即发生的，即无时滞。

假设 4：节点 i 所在业务领域的经济效益的平均增长率为 f_i，一般来说，f_i 为大于 0 的常数。则关于节点经济效益的 logistic 方程为

$$\frac{\mathrm{d}F_i(t)}{\mathrm{d}t}=f_iF_i\left(1-\frac{F_i}{N_i}\right) \tag{5.1}$$

经过求解，方程的解为

$$F_i(t)=\frac{N_iF_i(0)\mathrm{e}^{r_it}}{N_i-F_i(0)+F_i(0)\mathrm{e}^{r_it}} \tag{5.2}$$

由此可得，在成长节点上的利润随着时间的增长，收益曲线呈先快速上涨后缓慢上涨的趋势，如图 5.1 所示。

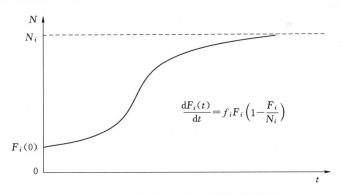

图 5.1　项目进行过程中节点利润增长模型

在 PPP 与 SIBs 协同过程中，一共存在 3 种类型的协同。政府、中介机构和项目实践方，这三方在模型的构建过程中可以当作 3 个节点。在项目进行过程中，这 3 个节点之间也是相互影响协同共生的关系。在协同生长过程中，政府和中介机构的关系可以概括为单方依赖型，即在项目进行过程中，政府是一

个独立的个体，集中体现在项目建立过程的独立性，项目监督过程中的独立性，也包括选择中介机构的多重选择，在利益的分配上，政府机构有着绝对的主导权，在政府与中介机构的关系中，中介机构因为与政府的合作而产生效益的提升也是明显存在的，所以在两者的关系当中，中介机构多是依赖于政府而存在的一方，而政府多是可选择的一方。双方是一种授权与监管的关系，属于单方依赖类型的合作关系。

而对于中介机构和社会实践方而言，它们之间多是属于双方依赖型的协同模式。在这一模式中，中介机构会依赖社会实践机构，而社会实践方往往也依赖于中介机构来参与项目。中介机构在选择项目合作对象的时候往往有较多的选择，同样，对于社会实践方而言，在选择项目时他们也会考虑项目的盈利性、项目完成时的实际回报率等因素，所以他们也面临着多重的选择，由此称这种协同方式为双方依赖型的协同合作关系。

而在社会实践方之间的协同则表现为独立竞合的关系，不论设投资者、社会服务者还是第三方评估机构都有其特定的目的，以各自的利益最大化为目标，诉求不同就有竞争也有合作，所以他们之间形成了一种复杂的竞合关系。另外无论是投资者还是社会服务者，他们参与的项目可能有多家一起完成，这时他们之间一定存在着竞争与合作的关系，在这里我们称这种竞争与合作的关系为竞争合作型的协同关系。

5.2.1　政府和中介机构的协同生长模型

5.2.1.1　建立模型

在研究包括政府在内的这类节点的协同时，要考虑机构之间的影响。设这类影响的模型为

$$\frac{\mathrm{d}F_i(t)}{\mathrm{d}t} = f_i F_i \left(\pm 1 - \frac{F_i}{N_i} + \sum_{j=1, j \neq i}^{n} (\pm \theta_{ij}) \frac{F_j}{N_j} \right), \quad i, j = 1, 2, \cdots, n \quad (5.3)$$

其中：影响因子 θ_{ij} 前面的正负表示 j 节点对 i 节点的积极或者消极影响。当影响因子 θ_{ij} 取正号时为积极影响，取负号时为消极影响。数字 1 前面正负号表示节点对其他节点是否有依赖性，正号是有依赖性，负号是没有依赖性。

政府与中介机构之间的协同模式是有依赖性的，这里设节点 1 与节点 2 为政府与中介机构，有下列模型：

$$\frac{\mathrm{d}F_1(t)}{\mathrm{d}t} = f_1 F_1 \left(1 - \frac{F_1}{N_1} + \theta_1 \frac{F_2}{N_2} \right), \quad \theta_1 > 0 \quad (5.4)$$

$$\frac{\mathrm{d}F_2(t)}{\mathrm{d}t} = f_2 F_2 \left(-1 - \frac{F_2}{N_2} + \theta_2 \frac{F_1}{N_1} \right), \quad \theta_2 > 0 \quad (5.5)$$

式中：θ_1 为中介机构的合作使政府的效益增长的系数；θ_2 为政府的合作使中

介机构的效益增长的系数。

政府发起项目的经济效益的平均增长率为 f_1，且 f_1 为大于 0 的常数。式 （5.5） 1 前面的负号体现在中介机构对于政府的依赖性。

根据常微分方程的稳定性分析，令上述方程都等于 0，然后对方程进行求解得到方程的 3 个稳定点。其中 θ_1、θ_2、f_1、$f_2 > 0$。

$$z(F_1, F_2) = f_1 F_1 \left(1 - \frac{F_1}{N_1} + \theta_1 \frac{F_2}{N_2}\right) = 0 \qquad (5.6)$$

$$g(F_1, F_2) = f_2 F_2 \left(-1 - \frac{F_2}{N_2} + \theta_2 \frac{F_1}{N_1}\right) = 0 \qquad (5.7)$$

由式 （5.6） 和式 （5.7） 可得，3 个均衡点分别为 （0，0），（N_1，0），$\left[\dfrac{N_1(1-\theta_1)}{1-\theta_1\theta_2}, \dfrac{N_2(\theta_2-1)}{1-\theta_1\theta_2}\right]$ 方程组的系数矩阵为

$$A = \begin{bmatrix} z'_{F_1} & z'_{F_2} \\ g'_{F_1} & g'_{F_2} \end{bmatrix} = \begin{bmatrix} f_1\left(1 - \dfrac{2F_1}{N_1} + \dfrac{\theta_1 F_2}{N_2}\right) & \dfrac{f_1 \theta_1 F_1}{N_2} \\ \dfrac{f_2 \theta_2 F_2}{N_1} & f_2\left(-1 - \dfrac{2F_2}{N_2} + \dfrac{\theta_2 F_1}{N_1}\right) \end{bmatrix} \qquad (5.8)$$

又因为特征方程为：$\lambda^2 + p\lambda + q = 0$，特征根为：$\lambda_1$，$\lambda_2 = \dfrac{1}{2}(-p \pm \sqrt{p^2 - 4q})$。由此，经过对特征方程系数的判断，可以根据 p、q 的正负判断均衡点稳定性，判断的准则：若 $p > 0$，$q > 0$，则平衡点稳定；若 $p < 0$ 或 $q < 0$，则平衡点不稳定。

（1） 明显得到点 （0，0） 不稳定。

（2） 点 （N_1，0） 的稳定判断条件为

$$p = -(z'_{F_1} + g'_{F_2}) = f_1 + f_2(1 - \theta_2) \qquad (5.9)$$

$$q = z'_{F_1} g'_{F_2} - z'_{F_2} g'_{F_1} = f_1 f_2(1 - \theta_2) \qquad (5.10)$$

由式 （5.9） 和式 （5.10） 两式可知，点 （N_1，0） 的稳定条件为 $\theta_2 < 1$。

（3） 点 $\left[\dfrac{N_1(1-\theta_1)}{1-\theta_1\theta_2}, \dfrac{N_2(\theta_2-1)}{1-\theta_1\theta_2}\right]$ 的稳定条件判断：

$$p = -(z'_{F_1} + g'_{F_2}) = \frac{f_1(1-\theta_1) + f_2(\theta_2-1)}{1-\theta_1\theta_2} \qquad (5.11)$$

$$q = z'_{F_1} g'_{F_2} - z'_{F_2} g'_{F_1} = \frac{(f_1 f_2)(\theta_1-1)(1-\theta_2)}{1-\theta_1\theta_2} \qquad (5.12)$$

由式 （5.11） 和式 （5.12） 两式可知，点 $\left[\dfrac{N_1(1-\theta_1)}{1-\theta_1\theta_2}, \dfrac{N_2(\theta_2-1)}{1-\theta_1\theta_2}\right]$ 的稳定条件为 $\theta_1 < 1$，$\theta_2 > 1$，$\theta_1\theta_2 < 1$。得出两方程稳定点的方程分别为

$$\eta_1(F_1, F_2) = 1 - \frac{F_1}{N_1} + \theta_1 \frac{F_2}{N_2} \qquad (5.13)$$

$$\eta_2(F_1, F_2) = -1 - \frac{F_2}{N_2} + \theta_2 \frac{F_1}{N_1} \qquad (5.14)$$

对于点 $(N_1, 0)$ 来说，有这几个条件：① $\theta_1 > 1$，$\theta_2 < 1$，$\theta_1\theta_2 > 1$；② $\theta_1 > 1$，$\theta_2 < 1$，$\theta_1\theta_2 < 1$；③ $\theta_1 < 1$，$\theta_2 < 1$，$\theta_1\theta_2 < 1$。不同条件下平衡点 $(N_1, 0)$ 的相平面分析图如图 5.2～图 5.4 所示。

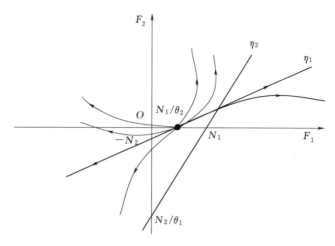

图 5.2 在 $\theta_1 > 1$，$\theta_2 < 1$，$\theta_1\theta_2 > 1$ 情况下，平衡点 $(N_1, 0)$ 的相平面分析图

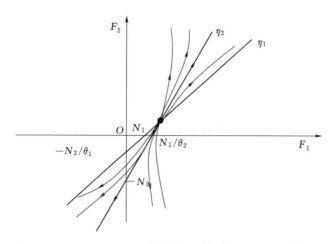

图 5.3 在 $\theta_1 > 1$，$\theta_2 < 1$，$\theta_1\theta_2 < 1$ 情况下，平衡点 $(N_1, 0)$ 的相平面分析图

对于点 $\left[\dfrac{N_1(1-\theta_1)}{1-\theta_1\theta_2}, \dfrac{N_2(\theta_2-1)}{1-\theta_1\theta_2}\right]$ 的稳定条件为：$\theta_1 < 1$，$\theta_2 > 1$，$\theta_1\theta_2 < 1$。由此得出相平面分析图如图 5.5 所示。

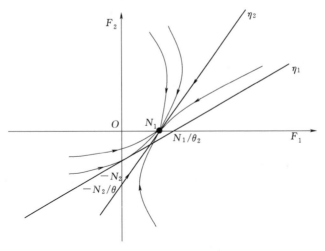

图 5.4 在 $\theta_1 < 1$，$\theta_2 < 1$，$\theta_1\theta_2 < 1$ 情况下，平衡点 $(N_1，0)$ 的相平面分析图

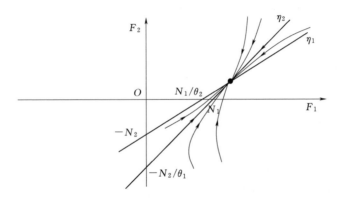

图 5.5 在 $\theta_1 < 1$，$\theta_2 > 1$，$\theta_1\theta_2 < 1$ 情况下的相平面分析图

5.2.1.2 模型分析

由上文中平衡点的判断条件可知，一共有两个平衡点，分别是（0，0）、$(N_1，0)$。对模型进行分析后得出以下结论：点（0，0）表示双方合作的概率都为 0，模型是没有协同效应的，协同的生长处于不稳定的状态。在点（0，0）表示政府和中介机构的协同对双方来说没有经济利益，也就说双方都没有因为协同而获益，所以在这种状态下，双方的协同生长是不稳定的，这种模式对于双方的发展是不利的。

另外在点 $(N_1，0)$ 处的稳定条件是 $\theta_1 > 0$，$\theta_2 < 1$，$\theta_1\theta_2 < 1$，在这种条件下稳定，因为双方此时达到的状态是一方的经济效益达到最大值，另外一方没有经济效益，因为 $\theta_2 < 1$，所以中介机构对于政府的经济增长的贡献水平过小，导致在效益增加的过程中，政府效益增加，而中介机构并无收益，长此以

往，中介机构存在的意义并没有那么明显，中介机构逐渐消失，那么它所处的管理统筹的功能也就消失了，即使达到协同，也无法满足共同协同条件。

然而对于另外一种情况，双方的协同达到了一种稳定的状态，如在图 5.5 中，在点 $\left[\dfrac{N_1(1-\theta_1)}{1-\theta_1\theta_2}, \dfrac{N_2(\theta_2-1)}{1-\theta_1\theta_2}\right]$ 处双方的协同达到稳定状态的条件是 $\theta_1<1$，$\theta_2>1$，$\theta_1\theta_2<1$，根据分析可知，当 $\theta_1<1$ 时说明政府对中介机构的贡献水平较低，在政府发起运营项目时对中介机构贡献水平不是太高，中介机构往往只分担着政府管理与统筹职能。$\theta_2>1$ 表示政府在协同过程中中介机构对政府的贡献水平比政府对中介机构的贡献水平高，$\theta_1\theta_2<1$ 则表示中介机构对于政府付出的贡献水平不是无限增大，而是有一定的限制。综上所述，当 $\dfrac{N_1(1-\theta_1)}{1-\theta_1\theta_2}>N_1$ 时，由于中介机构的存在，政府在项目中的收益是趋于增加的。

5.2.2　中介机构与社会实践方的协同生长模型

5.2.2.1　建立模型

在多方合作过程中，中介机构与包括社会投资者在内的多方社会实践方签订了合约，在项目进行过程中，社会实践方对中介机构的关系依靠合约关系维持，在这种合作关系中，主要是中介机构对社会实践方的综合管理与绩效评估。在中介机构选择与社会投资者等社会组织合作时，往往是与多个投资者进行合作。所以，投资者在合作的过程中依赖于中介机构而进行项目的投资与建设。而对于 PPP 模式与社会效益债券协同的这种模式下的中介机构也是依赖于社会实践方而存在的。这里以社会资本投资者为实践方代表，探讨中介机构与社会实践者这种项目依赖的协同关系。

设节点 1 与节点 2 分别为中介机构和社会投资者，建立模型可得

$$\frac{\mathrm{d}F_1(t)}{\mathrm{d}t}=f_1F_1\left(-1-\frac{F_1}{N_1}+\theta_1\frac{F_2}{N_2}\right), \quad \theta_1>0$$

$$\frac{\mathrm{d}F_2(t)}{\mathrm{d}t}=f_2F_2\left(-1-\frac{F_2}{N_2}+\theta_2\frac{F_1}{N_1}\right), \quad \theta_2>0$$

式中：θ_1 为社会投资者的协同使中介机构效益增长的系数；θ_2 为中介机构的协同使社会投资者效益增长的系数。

中介机构因为参与项目得到的平均增长率为 f_1，且 f_1 为大于 0 的常数，1 前面的负号体现在中介机构对于社会投资者的依赖性。社会投资者因为参与项目得到的平均增长率为 f_2，且 f_2 为大于 0 的常数，1 前面的负号体现在社会投资者对于中介机构的依赖性。

根据常微分方程的稳定性分析，令上述方程都等于 0，然后对方程进行求解得到方程的两个平衡点，分别为（0，0）和 $\left[\dfrac{(\theta_1+1)N_1}{\theta_1\theta_2-1},\dfrac{(\theta_2+1)N_2}{\theta_1\theta_2-1}\right]$。可以初步判定当 $\theta_1\theta_2>1$ 时，平衡点 $\left[\dfrac{(\theta_1+1)N_1}{\theta_1\theta_2-1},\dfrac{(\theta_2+1)N_2}{\theta_1\theta_2-1}\right]$ 达到稳定。

在这种情况下，讨论 3 种情况：①$\theta_1>1$，$\theta_2>1$；②$\theta_1<1$，$\theta_2>1$，$\theta_1\theta_2>1$；③$\theta_1>1$，$\theta_2<1$，$\theta_1\theta_2>1$。以情况①为例进行相图的分析。

令本节中模型都为 0，得到 η_1、η_2 方程：

$$\eta_1: f_1F_1\left(-1-\frac{F_1}{N_1}+\theta_1\frac{F_2}{N_2}\right)=0$$

$$\eta_2: f_2F_2\left(-1-\frac{F_2}{N_2}+\theta_2\frac{F_1}{N_1}\right)=0$$

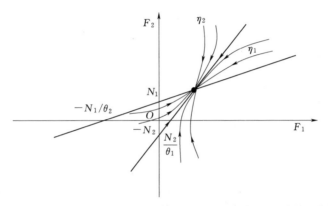

图 5.6 在 $\theta_1<1$，$\theta_2<1$，$\theta_1\theta_2>1$ 情况下，在稳定点 O 的相平面分析图

由图 5.6 可以得出，在情况 $\theta_1<1$，$\theta_2<1$，$\theta_1\theta_2>1$ 时平衡点 O 处的协同时稳定的，同样可以得出在情况②和情况③下，平衡点 O 处的协同同样是稳定的结果。

5.2.2.2 模型分析

由上面的模型可知，在（0，0）点时，双方的收益都为 0，此时双方的协同是不稳定的，模型不稳定也就没有办法达到协同的状态。因此，在这点上双方的协同是没有意义的。

然而，另外一个点 $\left[\dfrac{(\theta_1+1)N_1}{\theta_1\theta_2-1},\dfrac{(\theta_2+1)N_2}{\theta_1\theta_2-1}\right]$，在条件 $\theta_1\theta_2>1$ 时协同达到稳定状态，此时，无论是中介机构还是投资方，双方的协同趋于稳定状态。$\dfrac{(\theta_1+1)N_1}{\theta_1\theta_2-1}>N_1$，$\dfrac{(\theta_2+1)N_2}{\theta_1\theta_2-1}>N_2$ 说明双方的合作使双方的经济效益得到了增长，产生了协同的效应。

5.2.3 社会实践方之间的协同生长模型

（1）项目投资机构和社会服务者及项目的第三方评估等机构之间的独立合作关系分析。

1）建立模型。本模型以项目投资者与社会服务者为例，探讨项目投资机构与社会服务机构之间的独立合作的协同模式。

设节点 1 与节点 2 为项目投资机构与社会服务机构，有下列模型：

$$\frac{\mathrm{d}F_1(t)}{\mathrm{d}t} = f_1 F_1 \left(1 - \frac{F_1}{N_1} + \theta_1 \frac{F_2}{N_2}\right), \quad \theta_1 > 0 \tag{5.15}$$

$$\frac{\mathrm{d}F_2(t)}{\mathrm{d}t} = f_2 F_2 \left(1 - \frac{F_2}{N_2} + \theta_2 \frac{F_1}{N_1}\right), \quad \theta_2 > 0 \tag{5.16}$$

式中：θ_1 为社会服务机构的合作使投资机构效益增长的系数；θ_2 为社会服务机构的合作使投资机构效益增长的系数；社会投资机构因参与项目投资的经济效益的平均增长率为 f_1，且 f_1 为大于 0 的常数。

根据常微分方程的稳定性分析，令上述方程都等于 0，然后对方程进行求解得到方程的 4 个稳定点，其中 θ_1、θ_2、f_1、$f_2 > 0$。

$$z(F_1, F_2) = f_1 F_2 \left(1 - \frac{F_1}{N_1} + \theta_1 \frac{F_2}{N_2}\right) = 0 \tag{5.17}$$

$$g(F_1, F_2) = f_2 F_2 \left(1 - \frac{F_2}{N_2} + \theta_2 \frac{F_1}{N_1}\right) = 0 \tag{5.18}$$

由式（5.18）可得，4 个均衡点分别为 $(0, 0)$，$(N_1, 0)$，$(0, N_2)$，$\left[\dfrac{N_1(1+\theta_1)}{1-\theta_1\theta_2}, \dfrac{N_2(1+\theta_2)}{1-\theta_1\theta_2}\right]$，方程组的系数矩阵为

$$\boldsymbol{A} = \begin{bmatrix} z'_{F_1} & z'_{F_2} \\ g'_{F_1} & g'_{F_2} \end{bmatrix} = \begin{bmatrix} f_1\left(1 - \dfrac{2F_1}{N_1} + \dfrac{\theta_1 F_2}{N_2}\right) & \dfrac{f_1\theta_1 F_1}{N_2} \\ \dfrac{f_2\theta_2 F_2}{N_1} & f_2\left(1 - \dfrac{2F_2}{N_2} + \dfrac{\theta_2 F_1}{N_1}\right) \end{bmatrix} \tag{5.19}$$

特征方程为

$$\lambda^2 + p\lambda + q = 0$$

特征根为

$$\lambda_1, \lambda_2 = \frac{1}{2}\left(-p \pm \sqrt{p^2 - 4q}\right)$$

由此，经过对于特征方程系数的判断，可以根据 p，q 的正负判断稳定性，判断的准则为：若 $p > 0$，$q > 0$，则平衡点稳定；若 $p < 0$ 或 $q < 0$，则平衡点不稳定。

所以根据计算可得

$$p = -(z'_{F_1} + g'_{F_2}) = \frac{f_1(1+\theta_1) + f_2(1+\theta_2)}{1-\theta_1\theta_2} \qquad (5.20)$$

$$q = z'_{F_1}g'_{F_2} - z'_{F_2}g'_{F_1} = \frac{f_1 f_2(1+\theta_1)(1+\theta_2)}{1-\theta_1\theta_2} \qquad (5.21)$$

因此，可以判定 $(0, 0)$，$(0, N_2)$，$(N_1, 0)$ 处平衡点均不稳定，点 $\left[\dfrac{N_1(1+\theta_1)}{1-\theta_1\theta_2}, \dfrac{N_2(1+\theta_2)}{1-\theta_1\theta_2}\right]$ 的稳定条件为 $\theta_1\theta_2 < 1$。

根据相平面，进一步分析平衡点稳定位置。

设方程：

$$\eta_1(F_1, F_2) = 1 - \frac{F_1}{N_1} + \theta_1 \frac{F_2}{N_2} \qquad (5.22)$$

$$\eta_2(F_1, F_2) = 1 - \frac{F_2}{N_2} + \theta_2 \frac{F_1}{N_1} \qquad (5.23)$$

根据式 (5.22) 和式 (5.23)，点 O 为 $\left[\dfrac{N_1(1+\theta_1)}{1-\theta_1\theta_2}, \dfrac{N_2(1+\theta_2)}{1-\theta_1\theta_2}\right]$，画出图像，并进行平衡点稳定性分析。

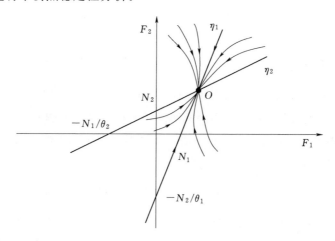

图 5.7　在 $\theta_1 < 1$，$\theta_2 < 1$，$\theta_1\theta_2 < 1$ 情况下，稳定点 O 的相平面分析图

分析 3 种情况：①$\theta_1 < 1$，$\theta_2 < 1$；②$\theta_1 > 1$，$\theta_2 < 1$，$\theta_1\theta_2 < 1$；③$\theta_1 < 1$，$\theta_2 > 1$，$\theta_1\theta_2 < 1$。②③的情况和①相似，都是稳定条件。由图 5.7 可知，模型中双方的效益趋于平衡点稳定，可以得出，点 O 即 $\left[\dfrac{N_1(1+\theta_1)}{1-\theta_1\theta_2}, \dfrac{N_2(1+\theta_2)}{1-\theta_1\theta_2}\right]$ 为模型的稳定点。

2）模型分析。对模型进行分析，可以得出两种情况下的结论：一个是双方不应该协同的情况，点 $(0, 0)$ 和点 $(N_1, 0)$、点 $(0, N_2)$ 协同的生长处于不稳定的状态。在点（0，0）表示项目投资机构和社会服务机构的协同对双方来说没有经济利益。双方都没有因为协同而获益，所以在这种状态下，双方的协同生长是不稳定的，在这种模式下对于双方来说是不利的。

另外在（N_1，0）和（0，N_2）这两点，项目投资机构和社会服务机构的协同也不稳定，因为双方此时达到的状态是一方的经济效益达到最大值，另外一方没有经济效益，显然这种状态是达不到稳定的。

然而对于另外一种情况，双方的协同达到了一种稳定的状态，如图 5.7 可知，在点 $\left[\dfrac{N_1(1+\theta_1)}{1-\theta_1\theta_2}, \dfrac{N_2(1+\theta_2)}{1-\theta_1\theta_2}\right]$ 处双方的协同达到稳定，双方合作过程中，由于双方付出成本不相上下，体现在节点之间的影响系数 θ_1、θ_2 上，当 $\theta_1\theta_2<1$ 时，节点之间的经济效益都得到了成长，所以产生了协同效应，特别是 $\theta_1>1$、$\theta_2<1$ 或者 $\theta_1<1$、$\theta_2>1$ 时，双方仍然保持稳定状态的前提是，项目投资机构或社会服务机构协同过程中的控制相差不大，可以是项目投资机构付出多一些成本，也可以是社会服务机构付出多一些成本，但是双方的相应付出不能差距过大，只有这样双方的协同才能达到稳定的状态。在生长的过程才能稳定协调。

5.2.4　协同生长的启示

在 PPP 模式于社会效益债券协同模式中，运用建立模型分析结果的方式，对政府、中介机构和社会实践方之间协同关系可以做如下阐述。

（1）政府与中介机构之间存在着一方依赖另外一方的情况，中介机构大多是依赖着政府而存在的。所以，根据其生长模型判断出的稳定点为 $\left[\dfrac{N_1(1-\theta_1)}{1-\theta_1\theta_2}, \dfrac{N_2(\theta_2-1)}{1-\theta_1\theta_2}\right]$，且双方的协同达到稳定状态的条件是 $\theta_1<1$，$\theta_2>1$，$\theta_1\theta_2<1$，说明随着协同的发展，政府使中介机构的效益增长的贡献率大于中介机构使政府效益增长的贡献率。但是，$\theta_1\theta_2<1$ 的出现说明双方都对各自的增长有抑制作用，不会只无限增长一方效益，只有这样双方才都趋于稳定状态。

（2）中介机构与社会实践方之间存在着双方相互依赖的情况。由模型可以得出，在双方都达到稳定状态时的约束条件稳定点为 $\left[\dfrac{(\theta_1+1)N_1}{\theta_1\theta_2-1}, \dfrac{(\theta_2+1)N_2}{\theta_1\theta_2-1}\right]$ 时满足条件 $\theta_1\theta_2>1$。由于双方相互依赖，所以双方各自的收益贡献率都在增加，在达到稳定的过程中，两方中任何一个效益的增加，都会使协同的另外一方的效益也跟着增加。

（3）社会实践方之间的协同生长情况。如社会投资者与社会活动服务者之间就是相互独立的合作关系，他们互不干涉对方活动，在合作对象上也有多个选择，因此，在平衡点上面 $\left[\dfrac{N_1(1+\theta_1)}{1-\theta_1\theta_2},\ \dfrac{N_2(1+\theta_2)}{1-\theta_1\theta_2}\right]$ 双方的协同达到稳定的条件为 $\theta_1\theta_2<1$。在此时，双方也存在相互抑制的作用，但是其中一方也可以发挥自己的作用，在协同过程中增加彼此之间更多的合作，以实现可持续的发展。

第6章

PPP 模式与社会效益债券协同运行与演化机理

在传统的 PPP 模式的运行过程中，政府与社会资本方之间的关系总是密切相关，在 PPP 运行过程中，双方之间这种固定的委托代理关系也不免出现逆向选择和道德风险的问题。在本章，通过对 PPP 模式与社会效益债券协同运作方式的分析，探讨协同运行的规律与逻辑，分析影响节点之间协同运行的主要因素，了解这些因素影响协同运行的方式。

6.1 PPP 模式与社会效益债券协同运行模式分析

在 PPP 与社会效益债券协同下，有 3 个重要节点：政府、中介机构和社会活动服务者等社会实践方。这 3 个节点的协同运行过程也是这种 PPP 与社会效益债券协同的运行过程。在传统运行过程中，这些节点的关系存在联系不紧密、分工不明确等特征。在 PPP 模式和社会效益债券协同过程中，引入社会效益债券中的中介机构承担政府在原来传统模式中的主导地位，承担大部分职责，很好地协调了包括社会投资者在内的社会资本方、社会实践方等机构与政府之间的关系，较好地缓解了多方之间的博弈关系。本章应用博弈论的基本理论，探寻在协同运行过程中 3 个重要结点之间的关系。

在 PPP 模式与社会效益债券协同的过程中，存在的 3 个重要节点实际上构成了双重委托关系。

其中第一层委托关系存在于政府与中介机构之间，在协同的过程中，政府常与中介机构签订委托合同，将政府本来拥有的筹集资金功能、招募社会服务机构等功能授权给了中介机构，政府只留下资金给付和监督功能。在这层委托代理关系过程中，当政府发起项目之后，通过和中介机构签订的一系列合约，使中介机构可以承担起对整个项目统筹协调的责任。如果对社会服务机构、社会投资者直接进行管理会出现很多问题，如过程不公开、组织分工不明等问题。在协同模式运行过程中，中介机构角色的加入对项目的运作也起到了重要的协调统筹作用。在这种协同创新的过程中，不免出现信息不对称，所以节点之间的关系如何契合，作为需求方的政府需要设计激励合同来鼓励合同的促进相关方在寻求最大利益的基础之上达到需求方的效益目标。只有这样才能让项目的需求方和项目的管理方目标一致，为实现项目的最大化这个目标而运转。

第二层委托代理关系实际上来自中介机构与社会实践方。中介机构始终还只是一个统筹协调的管理者的角色，对于社会实践方来说，无论是社会服务提供者、社会投资者还是第三方评估机构，在项目运作的专业性上具有自己的优势，所以形成第二层的委托代理关系，中介机构负责对项目整体分工与管理，各个专业机构对项目各个部分专业事务负责，以期形成一种整体上的协同，实现项目的目标。

与传统的委托代理不同，这种双重代理是以中介机构作为核心的管理出现，统筹协调了包括投资者在内的项目实践方，但是与此同时中介机构也作为一层委托代理的承担者，和社会实践方一起接受着政府的监督。这样的模式有利于项目的开展，且能有效避免搭便车效应。

6.2 PPP 模式与社会效益债券协同运行模式机理分析

用博弈论来分析协同节点之间的博弈行为，对于双层委托代理模型进行分析，可以通过这种模式对节点之间更好的协同运行提供参考。

6.2.1 协同运行机理之模型的假设

假设 1：项目产生效益为经济效益和社会效益，但是由于社会效益不好衡量，从而在进行假设时只假设项目中的经济效益，将项目参与方之间的收入进行衡量对比。

假设 2：对于不同的 PPP 项目而言，无论是社会投资者、社会服务的提供机构、独立的第三方评估机构还是项目的建设方，都对项目付出了包括资金、人力、物力等生产要素，对于此，假设柯布-道格拉斯生产函数表示在建设周期内所产生的项目效应（包括经济效应、社会效应），其中，设 P 为项目的产生的效应，包括经济效应和社会效应。K 表示项目进行过程中社会建设方的中综合技术能力系数，该系数取决于节点自身的资产规模、技术设施设备、信息化程度、市场声誉等要素，且 $K>0$。然后设中介机构和社会实践方的贡献水平为 α 和 β，由于有多个社会实践方，所以社会实践方的贡献水平分别设为 β_1，β_2，β_3，$\cdots$，β_n（$i=1$，2，3，$\cdots$，n）。其中，α、β_1、β_2、β_3、$\cdots$、$\beta_n>$ 0，努力水平越高代表建设项目的效益越好（包括经济效益和社会效益）。再设 a，b_1，b_2，$\cdots$，b_n 为各个参与方贡献水平对产生效益的贡献系数。其中 $a+b_1+b_2+\cdots+b_n=1$。设 ε 为一个影响效益的随机变量。$E(\varepsilon)=0$，$Var(\varepsilon)=\sigma^2$。

根据柯布-道格拉斯生产函数可以得到效益产出函数为：

$$P(\alpha, \beta_i) = K\alpha^a \beta_1^{b_1} \beta_2^{b_2} \cdots \beta_n^{b_n} + \varepsilon \tag{6.1}$$

根据现在已有节点可以设项目的效益产出函数为

$$P(\alpha, \beta) = K\alpha^a \beta^b + \varepsilon \tag{6.2}$$

假设 3：在项目的进行周期中，由于政府对中介机构存在第一层委托代理关系，所以政府给中介机构的报酬激励函数为

$$I(P) = \mu + \lambda P \tag{6.3}$$

在中介机构和社会实践方的第二层委托代理关系上存在着中介机构给社会实践方的利润分配：

$$T(P) = I + \omega \lambda P \tag{6.4}$$

式中：μ、I 为中介机构和社会实践方的固定报酬，与具体的效益产出没有关系；λ 为报酬初次的分享利润系数，$0 \leqslant \lambda$；ω 为报酬二次的分享利润系数，$\omega \leqslant 1$。

假设 4：在项目的建设过程中，中介机构在为更好的管理付出为 C_1；另外专业的社会实践方的努力成本为 C_T，且这里不设置影响因素。其中设 r_1、r_2 为成本系数，且两者均大于 0，设成本函数为

$$C_1(\alpha) = \frac{1}{2} r_1 \alpha^2 \tag{6.5}$$

$$C_T(\beta) = \frac{1}{2} r_2 \beta^2 \tag{6.6}$$

由式（6.5）和式（6.6）可以看到，随着贡献水平的提高，所需要付出的成本越大，这种假设是符合逻辑的。

假设 5：(1) 在这里假设中介机构和社会实践方是风险规避性的机构，所以两者的效用函数均为不变的且具有绝对的风险规避特征，即 $U(x_i) = -e^{-\phi_i x_i}(i=1,2)$，其中 ϕ_i 为绝对风险的规避度量，$\phi_i > 0$、x_i 为实际的收入。所以中介机构的收入为

$$x_1 = \mu - I + (1-\omega)\lambda(K\alpha^a \beta^b + \varepsilon) - \frac{1}{2} r_1 \alpha^2 \tag{6.7}$$

所以中介机构的期望效益是

$$E(U_1) = \int_{-\infty}^{\infty} -e^{-\phi_1 x_1} \frac{1}{\sqrt{2\pi \mathrm{var}(x_1)}} e^{\frac{(x_1 - Ex_1)^2}{2\mathrm{var}(x_1)}} dx = -e^{-\phi_1 \left[Ex_1 - \frac{1}{2}\phi_1 \mathrm{var}(x_1) \right]} = -e^{-\phi_1 x_1} \tag{6.8}$$

其中设中介机构的期望收入为 Ex_1，中介机构的风险成本为 $\frac{1}{2}\phi_1 (1-\omega)^2 \lambda^2 \sigma^2$，并且中介机构的期望效用最大化等价于确定性收入最大化，所以中介机构的确定性等价收入为

$$\chi_{\mathrm{I}} = Ex_1 - \frac{1}{2}\phi_1(1-\omega)^2\lambda^2\sigma^2$$

$$= \mu - I + (1-\omega)\lambda K\alpha^a\beta^b - \frac{1}{2}r_1\alpha^2 - \frac{1}{2}\phi_1(1-\omega)^2\lambda^2\sigma^2 \tag{6.9}$$

（2）同样，社会实践方的机构收入为

$$x_2 = I + \omega\lambda(K\alpha^a\beta^b + \varepsilon) - \frac{1}{2}r_2\beta^2 \tag{6.10}$$

社会实践方的期望效用为

$$E(U_{\mathrm{T}}) = \int_{-\infty}^{\infty} -\mathrm{e}^{-\phi_2 x_2}\frac{1}{\sqrt{2\pi\mathrm{var}(x_2)}}\mathrm{e}^{-\frac{(x_2-Ex_2)^2}{2\mathrm{var}(x_2)}}\mathrm{d}x = -\mathrm{e}^{-\phi_2[Ex_2-\frac{1}{2}\phi_2\mathrm{var}(x_2)]} = -\mathrm{e}^{-\phi_2\chi_{\mathrm{T}}}$$

$$\tag{6.11}$$

所以社会实践方的确定性的等价收入为：

$$\chi_{\mathrm{T}} = Ex_2 - \frac{1}{2}\phi_2\omega^2\lambda^2\sigma^2 = I + \omega\lambda K\alpha^a\beta^b - \frac{1}{2}r_2\beta^2 - \frac{1}{2}\phi_2\omega^2\lambda^2\sigma^2 \tag{6.12}$$

（3）PPP 与社会效益债券协同最大的特点就是政府承担的风险变小，这里假设政府的风险是中性的，政府的风险性质为不承担风险补偿。假设政府的期望效用为期望收入：

$$E(U_{\mathrm{g}}) = \chi_{\mathrm{g}} = -\mu + (1-\lambda)K\alpha^a\beta^b \tag{6.13}$$

6.2.2 协同运行机理之模型的建立

关于项目中节点协同的考虑，协同模型可以如下进行建立：由于中介机构和社会实践方都是风险规避型，因此约束条件是确定性的收入大于期望效用。

$$\max_{\mu,\lambda}E(U_{\mathrm{g}}) = \max_{\mu,\lambda}\left[-\mu + (1-\lambda)K\alpha^a\beta^b\right] \tag{6.14}$$

$$\mathrm{s.\,t.}\ \mu - I + (1-\omega)\lambda K\alpha^a\beta^b - \frac{1}{2}r_1\alpha^2 - \frac{1}{2}\phi_1(1-\omega)^2\lambda^2\sigma^2 \geqslant \chi_{\mathrm{I}_1} \tag{6.15}$$

$$\max_{\alpha,\omega}\chi_{\mathrm{I}} = \max_{\alpha,\omega}\left[\mu - I + (1-\omega)\lambda K\alpha^a\beta^b - \frac{1}{2}r_1\alpha^2 - \frac{1}{2}\phi_1(1-\omega)^2\lambda^2\sigma^2\right]$$

$$\tag{6.16}$$

$$\mathrm{s.\,t.}\ I + \omega\lambda K\alpha^a\beta^b - \frac{1}{2}r_2\beta^2 - \frac{1}{2}\phi_2\omega^2\lambda^2\sigma^2 \geqslant \chi_{\mathrm{T}_1} \tag{6.17}$$

$$\max_{\beta}\chi_{\mathrm{T}} = \max_{\beta}\left(I + \omega\lambda K\alpha^a\beta^b - \frac{1}{2}r_2\beta^2 - \frac{1}{2}\phi_2\omega^2\lambda^2\sigma^2\right) \tag{6.18}$$

式中：χ_{I_1} 为中介机构的期望效用；χ_{T_1} 为社会实践方的期望效用。

根据委托代理理论，只要中介机构和社会实践方机构的确定性收入大于期望效用，代理方就愿意接受委托。而对于委托方来说，支付的报酬当然是越小越好。当确定性收入等于期望效用，式（6.17）可以表示为

$$\text{s. t. } I + \omega \lambda K \alpha^a \beta^b - \frac{1}{2} r_2 \beta^2 - \frac{1}{2} \phi_2 \omega^2 \lambda^2 \sigma^2 = \chi_{T_1}$$

结合式（6.15）、式（6.15）可以表示为：

$$\mu + \lambda K \alpha^a \beta^b - \frac{1}{2} r_1 \alpha^2 - \frac{1}{2} r_2 \beta^2 - \frac{1}{2} \phi_1 (1-\omega)^2 \lambda^2 \sigma^2 - \frac{1}{2} \phi_2 \omega^2 \lambda^2 \sigma^2 - \chi_{T_1} = \chi_{I_1}$$

$$(6.19)$$

6.2.3　协同运行机理之模型的求解

（1）对社会实践方来说，尤其是对社会投资者来说，社会投资者最终想要达到的目标就是利润最大化，用最小的成本、最小的风险换取最大的效益，这里追求利润最大化指的是：对效应函数式（6.18）求关于 β 的一阶偏导 $\frac{\partial \chi_T}{\partial \beta} = \omega \lambda K b \alpha^a \beta^{b-1} - r_2 \beta$ 和二阶偏导 $\frac{\partial^2 \chi_T}{\partial \beta^2} = (b-1) \omega \lambda K \alpha^a \beta^{b-2} - r_2$。由于 $0 < b < 1$，且其他的变量都大于 0，所以式（6.18）的二阶导数小于 0，且一阶导数等于 0，以此来求出社会实践方最优的努力水平：

$$\beta = \left(\frac{\omega \lambda K b}{r_2} \right)^{\frac{1}{2-b}} \alpha^{\frac{a}{2-b}} \tag{6.20}$$

（2）求中介机构的最大利益，把式（6.19）和式（6.20）代入式（6.16）：

$$\chi_1 = \mu + \lambda K \alpha^a \beta^b - \frac{1}{2} r_1 \alpha^2 - \frac{1}{2} r_2 \beta^2 - \frac{1}{2} \phi_1 (1-\omega)^2 \lambda^2 \sigma^2 - \frac{1}{2} \phi_2 \omega^2 \lambda^2 \sigma^2 - \chi_{T_1}$$

$$= \mu + (\lambda K)^{\frac{1}{2-b}} \left(\frac{\omega b}{r_2} \right)^{\frac{b}{2-b}} \alpha^{\frac{2a}{2-b}} - \frac{1}{2} r_1 \alpha^2 - \frac{1}{2} r_2 \left(\frac{\omega \lambda K b}{r_2} \right)^{\frac{2}{2-b}} \alpha^{\frac{2a}{2-b}}$$

$$- \frac{1}{2} \phi_1 (1-\omega)^2 \lambda^2 \sigma^2 - \frac{1}{2} \phi_2 \omega^2 \lambda^2 \sigma^2 - \chi_{T_1} \tag{6.21}$$

对式（6.21）中后的 α 求一阶导和二阶导：

$$\frac{\partial \chi_1}{\partial \alpha} = \frac{2a}{2-b} (\lambda K)^{\frac{1}{2-b}} \left(\frac{\omega b}{r_2} \right)^{\frac{b}{2-b}} \alpha^{\frac{a-1}{2-b}} - r_1 \alpha - \frac{a}{2-b} r_2 \left(\frac{\omega \lambda K b}{r_2} \right)^{\frac{2}{2-b}} \alpha^{\frac{a-1}{2-b}} \quad (6.22)$$

$$\frac{\partial^2 \chi_1}{\partial \alpha^2} = \frac{2a(a-1)}{(2-b)^2} (\lambda K)^{\frac{1}{2-b}} \left(\frac{\omega b}{r_2} \right)^{\frac{b}{2-b}} \alpha^{\frac{-1-b}{2-b}} - r_1 \alpha - \frac{a(a-1)}{(2-b)^2} r_2 \left(\frac{\omega \lambda K b}{r_2} \right)^{\frac{2}{2-b}} \alpha^{\frac{-1-b}{2-b}}$$

$$(6.23)$$

可知式（6.23）小于 0，令式（6.22）等于 0，有

$$\left. \begin{array}{l} \alpha = \lambda K \left[\dfrac{a(2-\omega b)}{r_1(1+a)} \right]^{\frac{1+a}{2}} \left(\dfrac{\omega b}{r_2} \right)^{\frac{b}{2}} \\[4mm] \beta = \lambda K \left[\dfrac{a(2-\omega b)}{r_1(1+a)} \right]^{\frac{a}{2}} \left(\dfrac{\omega b}{r_2} \right)^{\frac{1+b}{2}} \end{array} \right\} \tag{6.24}$$

（3）求政府获得效益，把式（6.20）、式（6.24）代入式（6.14）：

$$\chi_g = K\alpha^a\beta^b - \frac{1}{2}r_1\alpha^2 - \frac{1}{2}r_2\beta^2 - \frac{1}{2}\phi_1(1-\omega)^2\lambda^2\sigma^2 - \frac{1}{2}\phi_2\omega^2\lambda^2\sigma^2 - \chi_{T_1} - \chi_{I_1}$$

$$(6.25)$$

解得

$$\chi_g = \lambda K^2\left[\frac{a(2-\omega b)}{r_1(1+a)}\right]^a\left(\frac{\omega b}{r_2}\right)^b - \frac{1}{2}r_1(\lambda K)^2\left[\frac{a(2-\omega b)}{r_1(1+a)}\right]^{1+a}\left(\frac{\omega b}{r_2}\right)^b$$

$$- \frac{1}{2}r_2(\lambda K)^2\left[\frac{a(2-\omega b)}{r_1(1+a)}\right]^a\left(\frac{\omega b}{r_2}\right)^{1+b} - \frac{1}{2}\phi_1(1-\omega)^2\lambda^2\sigma^2$$

$$- \frac{1}{2}\phi_2\omega^2\lambda^2\sigma^2 - \chi_{T_1} - \chi_{I_1}$$

$$(6.26)$$

对式（6.26）中的 λ 求一阶和二阶导，可以得出二阶导小于 0，一阶导为

$$\frac{\partial\chi_g}{\partial\lambda} = 0 = K^2\left[\frac{a(2-\omega b)}{r_1(1+a)}\right]^a\left(\frac{\omega b}{r_2}\right)^b - r_1\lambda K^2\left[\frac{a(2-\omega b)}{r_1(1+a)}\right]^{1+a}\left(\frac{\omega b}{r_2}\right)^b$$

$$- r_2\lambda K^2\left[\frac{a(2-\omega b)}{r_1(1+a)}\right]^a\left(\frac{\omega b}{r_2}\right)^{1+b} - \phi_1(1-\omega)^2\lambda\sigma^2 - \phi_2\omega^2\lambda\sigma^2$$

解得

$$\lambda^* = \frac{K^2\left[\frac{a(2-\omega b)}{r_1(1+a)}\right]^a\left(\frac{\omega b}{r_2}\right)^b}{\left(\frac{\omega b+2a}{1+a}\right)K^2\left[\frac{a(2-\omega b)}{r_1(1+a)}\right]^a\left(\frac{\omega b}{r_2}\right)^b + \phi_1(1-\omega)^2\sigma^2 + \phi_2\omega^2\sigma^2} \quad (6.27)$$

所以可以得出中介机构和社会实践方的贡献水平的解 α^*、β^*。

6.2.4 协同运行机理之模型的推论

在项目的进行过程当中，最终效益的多少取决于许多影响因素，在模型当中，针对双重委托代理模型中的影响因素可以得出以下结论：对于中介机构和社会实践方来说，它们的贡献水平也就是他们为项目所贡献的 α 和 β 随着初次利润分享系数的增大而增大，且与自身的综合能力水平 K 成正比，当项目的建设方或者是项目的服务方具备足够的技术能力和较好的信息化程度，就更有意愿为社会项目进行付出，即所谓的贡献水平增加。另外通过对式（6.28）进行观察，贡献水平 α、β 随着成本系数 r_1、r_2 的增大而减小。

$$\left.\begin{array}{l}\alpha^* = \lambda^* K\left[\frac{a(2-\omega b)}{r_1(1+a)}\right]^{\frac{1+a}{2}}\left(\frac{\omega b}{r_2}\right)^{\frac{b}{2}}\\[4mm]\beta^* = \lambda^* K\left[\frac{a(2-\omega b)}{r_1(1+a)}\right]^{\frac{a}{2}}\left(\frac{\omega b}{r_2}\right)^{\frac{1+b}{2}}\end{array}\right\} \quad (6.28)$$

报酬初次的分享利润系数 λ 对于无论是社会实践方还是中介机构都是最重

要的影响因素。所以推导出初次利润分配的影响因素也对促进项目产生效益有所启示。式（6.27）中初次分配利润与中介机构和社会实践方的综合技术能力 K 成正比，与外界不确定影响因素 σ 成反比，这与现实相符。

根据已知的模型推导出相应影响变量，包括中介机构和社会实践方的贡献水平，还有初次中介机构得到的利润，但是社会实践方所得报酬二次的分享利润系数 ω 无法直接计算出来，可以应用 matlab R2018a 软件进行数值实验，在这里需要说明的是，数值实验的结果并非精准实验的数据，但是可以通过数值实验进行数值分析，有助于找出影响因素如何影响结果。

（1）实验思路：找出使中介机构利润最大时报酬二次的分享利润系数 ω 的变化，根据相应参数的变化求出中介机构的利润最大点。

假设：综合技术能力系数 K 为 50，贡献水平对效益的贡献系数 a、b 都为 0.5，影响效益的随机变量方差为 100。中介机构和社会实践机构的成本系数 r_1、r_2 都设为 0.4，设绝对风险规避度量 $\phi_1 = 10$、$\phi_2 = 10$。取中介机构和社会实践方的固定报酬都为 100，节点效用为 0。

根据表 6.1 的数据可以得到 3 个节点在二次分享利润的所有取值下 3 个部门的利润变化。

表 6.1　　　　　　　　　　　二次分配利润系数与各个变量的关系

报酬二次的分享利润系数 ω	报酬初次的分享利润系数 λ	α	β	政府利润 /万元	中介机构利润 /万元	社会实践方利润 /万元
0	0	0	0	−100.00	0	100.00
0.10	0.70	29.78	8.26	138.45	117.61	138.50
0.20	0.85	42.40	16.85	100.88	317.84	255.90
0.30	0.92	49.94	24.63	35.78	425.15	425.70
0.40	0.95	54.11	31.24	3.79	423.31	613.50
0.50	0.95	55.80	36.53	22.31	333.00	788.80
0.60	0.92	55.66	40.50	87.06	187.24	931.30
0.70	0.88	54.20	43.24	183.89	18.35	1030.90
0.80	0.84	51.84	44.90	296.49	−148.35	1086.00
0.90	0.78	48.91	45.64	410.59	−296.25	1101.00
1.00	0.73	45.64	45.64	515.66	−416.55	1083.00

由图 6.1、图 6.2 可知，在中介机构的初步协同过程当中，$\omega = 0.3470$ 时，中介机构的利润达到最大值为 437.1189 万元。但是中介机构和社会实践方的利润总和是在 $\omega = 0.5450$ 时达到最大值 1130 万元，所以我们可以得出结论，在报酬二次的分享利润系数 $\omega = 0.3470$ 时中介机构利润达到最大值。也

就是说由于集成性中介机构利润满足时可以求出中介机构和社会实践方贡献水平对效益的贡献系数 a、b，以及在利润分享过程中的报酬初次的分享利润系数 λ 和二次的分享利润系数 ω。

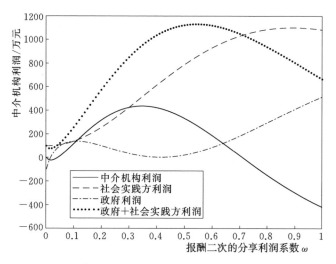

图 6.1　各个节点利润随二次分享利润的变化情况

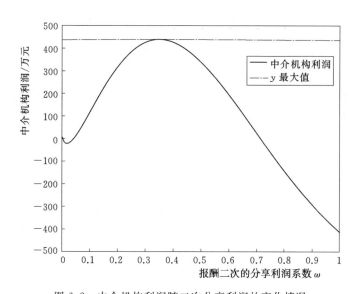

图 6.2　中介机构利润随二次分享利润的变化情况

（2）实验 2，根据图 6.1 和图 6.2，进一步对中介机构和社会实践方的利润进行分析，当改变影响利润的影响因素时，中介机构和社会实践方的利润将会发生改变。假设保持其他变量不变，使中介机构的贡献水平系数变为 0.6，使社会实践方的贡献水平系数为 0.4，结果见表 6.2。

表 6.2　　　贡献水平变化时二次分配利润系数与各个变量的关系

报酬二次的分享利润系数 ω	报酬初次的分享利润系数 λ	α	β	政府利润/万元	中介机构利润/万元	社会实践方利润/万元
0	0	0	0	-100.00	0	100.00
0.10	0.76	39.15	9.13	159.44	208.57	163.80
0.20	0.87	50.70	16.90	105.48	383.79	313.20
0.30	0.93	57.28	23.63	48.37	436.70	508.20
0.40	0.95	60.86	29.31	24.46	386.75	715.70
0.50	0.94	62.30	33.91	42.47	262.86	909.00
0.60	0.92	62.12	37.46	98.45	95.72	1069.60
0.70	0.89	60.74	40.02	182.26	-87.14	1187.10
0.80	0.85	58.49	41.69	281.74	-264.29	1258.80
0.90	0.81	55.65	42.58	385.52	-421.27	1287.50
1.00	0.76	52.44	42.82	484.45	-550.01	1279.20

由表 6.2 可知，当二次分享利润 ω 不变时，中介机构贡献水平对效益的贡献系数变大时，报酬初次的分享利润系数 λ 及中介机构和社会实践方的贡献水平 α、β 也增大，说明两者成正比。

由图 6.3 可以看出，当中介机构和社会实践方的贡献水平对效益的贡献系数 a 和 b 发生了变化，此时中介机构的贡献水平对效益的贡献系数变大，使得中介机构利润最大值出现的二次分享系数变小。相之，则二次利润分享系数变

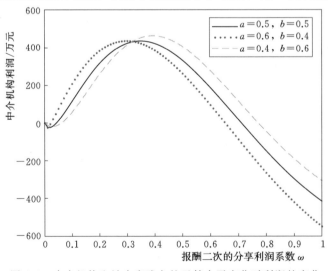

图 6.3　中介机构和社会实践方的贡献水平变化时利润的变化

大。当报酬二次的分享利润系数出现在三线交点的左边，中介机构的贡献水平增加时，中介机构的利润是增加的。当报酬二次的分享利润系数 ω 出现在三线交点的右边，中介机构的贡献水平增加时，中介机构的利润是减少的。

（3）实验 3，假设保持其他变量不变，使中介机构的成本系数变为 0.5，社会实践方的成本系数保持 0.4 不变。此时，各个节点的利润变化见表 6.3。

表 6.3　成本系数变化时二次分配利润系数与各个变量的关系

报酬二次的分享利润系数 ω	报酬初次的分享利润系数 λ	α	β	政府利润/万元	中介机构利润/万元	社会实践方利润/万元
0	0	0	0	−100.00	0	100.00
0.10	0.66	23.75	7.36	127.37	75.12	130.39
0.20	0.81	34.34	15.26	113.44	238.22	226.42
0.30	0.89	40.8357	22.52	64.10	334.73	368.43
0.40	0.92	44.51	28.73	37.11	341.81	527.06
0.50	0.92	46.05	33.71	52.18	272.25	675.20
0.60	0.90	45.99	37.41	107.83	152.94	794.00
0.70	0.86	44.76	39.92	192.10	12.12	874.39
0.80	0.81	42.74	41.39	290.15	−127.46	915.41
0.90	0.76	40.22	41.96	388.75	−250.75	921.43
1.00	0.71	37.41	41.83	478.25	−349.93	899.39

在报酬二次的分享利润系数可取范围内，如 $\omega=0.3$ 时，在表 6.1 中，报酬初次的分享利润系数 $\lambda=0.92$。在表 6.3 中，$\gamma=0.89$ 时，报酬初次的分享利润系数变小，说明当中介机构的成本系数 γ 变大时，报酬初次的分享利润系数 λ 变小。同样，当社会实践方的成本变大时，报酬初次分享的利润系数也会变小。

如图 6.4 所示，不论是中介机构还是社会实践方，两个机构的成本系数变大都会影响中介机构的利润变化，当系数变化相同数值时，中介机构的利润会变小。成本系数 r_1、r_2 与报酬二次的利润分享系数 ω 成正比。

（4）实验 4，假设保持其他变量不变，使中介机构的绝对风险规避度量 1 为 $\phi_1=15$，度量 2 为 ϕ_2 保持不变，仍然等于 10。此时，各个节点的利润变化见表 6.4。

由表 6.4 可知，在相同的报酬二次的分享系数下，中介机构的绝对风险规避度量增加时，报酬初次的分享利润 λ 及中介机构和社会实践方的贡献水平对效益的贡献系数 α、β 都减小，也就是说中介机构的绝对风险规避度量值的增加与报酬初次的分享利润 λ 及中介机构和社会实践方的贡献水平对效益的贡献系数 a、b 成反比。

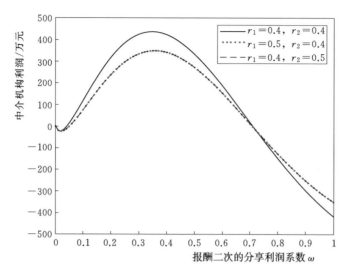

图 6.4 中介机构和社会实践方的成本系数变化时利润的变化

表 6.4 绝对风险规避度量变化时二次分配利润系数与各个变量的关系

报酬二次的分享利润系数 ω	报酬初次的分享利润系数 λ	α	β	政府利润/万元	中介机构利润/万元	社会实践方利润/万元
0	0	0	0	−100.00	0	100.00
0.10	0.56	23.76	6.59	178.25	12.45	124.50
0.20	0.72	36.02	14.31	215.91	145.95	212.50
0.30	0.82	44.45	21.92	179.27	254.16	358.00
0.40	0.88	49.95	28.84	134.24	291.62	537.60
0.50	0.90	52.99	34.69	118.14	249.92	721.30
0.60	0.89	53.99	39.28	145.24	144.21	882.10
0.70	0.87	53.35	42.56	212.45	0.80	1001.90
0.80	0.83	51.51	44.61	306.83	−153.34	1073.40
0.90	0.78	48.83	45.57	412.57	−296.91	1098.10
1.00	0.73	45.64	45.64	515.66	−416.55	1083.00

如图 6.5 所示，ϕ_1 表示中介机构的绝对风险规避度量，ϕ_2 表示社会实践方的绝对风险规避度量。在二次分享利润的可行范围之内，当中介机构的绝对风险规避度量增加时，显然中介机构所获得利润下降，而当社会实践方的绝对风险规避度量增加时，中介机构的利润也有所下降，不过下降的幅度没有 ϕ_1 增加时下降的幅度大。同样，当中介机构的绝对风险度量增加时，使中介机构利润达到最大值的报酬二次的利润分享系数 ω 也增加。当社会实践方的绝对风险度量增加时，使中介机构利润达到最大值的报酬二次的利润分享系数 ω

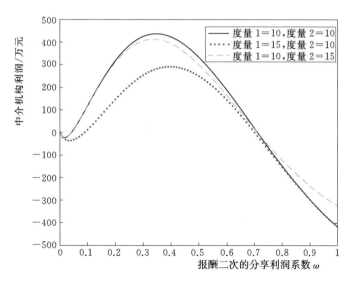

图 6.5　中介机构和社会实践方的绝对风险规避度量变化时利润的变化

反而减少。

（5）假设保持其他变量不变，外界的不确定因素 σ 为 121，此时，各个节点的利润变化见表 6.5。

表 6.5　外界不确定因素变化时二次分配利润系数与各个变量的关系

报酬二次的分享利润系数 ω	报酬初次的分享利润系数 λ	α	β	政府利润/万元	中介机构利润/万元	社会实践方利润/万元
0	0	0	0	−100.00	0	100.00
0.10	0.63	26.88	7.46	163.16	62.29	130.96
0.20	0.79	39.29	15.61	163.32	231.26	231.27
0.30	0.87	47.05	23.21	116.18	338.47	381.96
0.40	0.90	51.51	29.74	88.09	352.72	551.58
0.50	0.91	53.42	34.97	104.16	283.71	709.90
0.60	0.88	53.40	38.85	164.68	159.22	835.63
0.70	0.85	51.96	41.45	256.90	10.10	918.57
0.80	0.80	49.55	42.91	364.09	−138.21	957.95
0.90	0.75	46.54	43.43	471.18	−268.85	959.13
1.00	0.69	43.19	43.19	567.20	−373.07	930.31

由表 6.5 可知，在相同的报酬二次分享利润系数下，外界的不确定因素方差变大，所对应的报酬初次分享利润系数 λ 变小，中介机构和社会实践方的贡

献水平对效益的贡献系数 α 和 β 变小。说明外界的不确定因素的方差与初次分享利润、中介机构和社会实践方的贡献水平对效益的贡献系数 a、b 成反比。

如图 6.6 所示，当不确定因素的方差变大时，中介机构的利润变小，使中介机构利润达到最大值的报酬二次利润分享系数增大。当不确定因素的方差变小时，中介机构的利润变大，使中介机构利润达到最大值的报酬二次利润分享系数减小，符合实际情况。

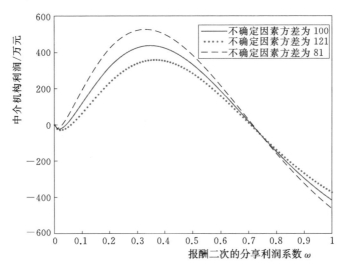

图 6.6　中介机构和社会实践方的不确定因素变化时利润的变化

综上所述，根据数值实验，不仅验证了基于模型推导的结论，还明确了二次分享利润与其他变量节点方的贡献水平对效益的贡献系数等的关系。

6.3　PPP 模式与社会效益债券协同运行模式机理优化分析

协同运行模式机理优化分析，是指在政府方、中介机构方和社会实践方的协同，由于协同的深入与各个节点之间合作的熟悉程度，各个节点的行为发生了转变，在个体理性逐渐转变的过程中，集体理性的思想使中介机构和社会实践方形成联盟。本节基于中介机构和社会实践方这样的合作联盟关系，而不是委托代理关系，来探究各方影响协同运营的影响因素。

6.3.1　协同运行机理之优化模型的建立与求解

在优化的协同模型中，假设条件与上一节当中的条件相同。这个模型中优化的位置在于将中介机构和社会实践方的模型进行结合，以政府与中介机构-社会实践方的运行进行协同，实际上就是将中介机构与社会实践方的利润所得加总，可以得出下面的模型：

$$\max_{\mu,\lambda} E(U_g) = \max_{\mu,\lambda} \left[-\mu + (1-\lambda)K\alpha^a\beta^b \right] \tag{6.29}$$

$$\text{s.t.} \ \mu + \lambda K\alpha^a\beta^b - \frac{1}{2}r_1\alpha^2 - \frac{1}{2}r_2\beta^2 - \frac{1}{2}\phi_1(1-\omega)^2\lambda^2\sigma^2 - \frac{1}{2}\varphi_2\omega^2\lambda^2\sigma^2 \geqslant \chi_0 \tag{6.30}$$

$$\max_{\alpha,\omega} \left[\mu + \lambda K\alpha^a\beta^b - \frac{1}{2}r_1\alpha^2 - \frac{1}{2}r_2\beta^2 - \frac{1}{2}\phi_1(1-\omega)^2\lambda^2\sigma^2 - \frac{1}{2}\phi_2\omega^2\lambda^2\sigma^2 \right] \tag{6.31}$$

$$\text{s.t.} \ \chi_I \geqslant \chi_{I0}, \chi_s \geqslant \chi_{S0} \tag{6.32}$$

式中：χ_0 为中介机构与社会实践方的保留效用；χ_{I0}、χ_{S0} 分别为中介机构和社会实践方的保留效用。

解模型可以得到

$$\mu + \lambda K\alpha^a\beta^b - \frac{1}{2}r_1\alpha^2 - \frac{1}{2}r_2\beta^2 - \frac{1}{2}\phi_1(1-\omega)^2\lambda^2\sigma^2 - \frac{1}{2}\phi_2\omega^2\lambda^2\sigma^2 = \chi_0 \tag{6.33}$$

对式（6.33）中的 α 与 β 的一阶导和二阶导进行求解。可知二阶偏导均小于 0。所以使一阶偏导等于 0 可得使中介机构和社会实践方利润最大时的贡献水平：

$$\alpha = \lambda K \left(\frac{a}{r_1}\right)^{\frac{2-b}{2}} \left(\frac{b}{r_2}\right)^{\frac{b}{2}} \tag{6.34}$$

$$\beta = \lambda K \left(\frac{a}{r_1}\right)^{\frac{a}{2}} \left(\frac{b}{r_2}\right)^{\frac{2-a}{2}} \tag{6.35}$$

把式（6.33）~式（6.35）代入式（6.29），对其中的 λ 求一阶导和二阶导，二阶导均小于 0，所以，使 λ 的一阶导等于 0，解得

$$\lambda^* = \frac{K^2\left(\frac{a}{r_1}\right)^a\left(\frac{b}{r_2}\right)^b}{r_1 K^2\left(\frac{a}{r_1}\right)^{2-b}\left(\frac{b}{r_2}\right)^b + r_2 K^2\left(\frac{a}{r_1}\right)^a\left(\frac{b}{r_2}\right)^{2-a} + \phi_1(1-\omega)^2\sigma^2 + \phi_2\omega^2\sigma^2} \tag{6.36}$$

在模型的解当中，针对优化模型中的影响因素得出以下结论：对于中介机构和社会实践方来说，它们的贡献水平也就是其为项目所贡献的 α 和 β，随着报酬初次的利润分享系数 λ 的增大而增大，且与自身的综合能力水平 K 成正比，当项目的建设方或者服务方具备足够的技术能力、较好的信息化程度和管理能力时，就更有意愿为社会项目进行付出，即贡献水平 α、β 增加。另外，通过对式子进行观察可知，贡献水平 α、β 随着成本系数 r_1、r_2 的增大而减

小，两者成反比关系。

6.3.2 协同运行机理之优化模型的进一步推论

由数值实验对优化模型进行验证，在优化模型中，报酬二次的分享利润系数 ω 的取值问题仍然要通过数值实验得出，通过对报酬二次的分享利润系数 ω 进行检验，探究各个变量之间的相关性，还有中介机构和社会实践方的利润变化的影响因素。

（1）实验思路，找出使中介机构和社会实践方的利润最大时报酬二次的分享利润系数 ω 的值，根据相应参数的变化，求出中介机构和社会实践方利润最大点。

假设：综合技术能力系数 K 为 50。贡献水平对效益的贡献系数 a、b 都为 0.5，影响效益的随机变量方差为 100。中介机构和社会实践机构的成本系数 r_1、r_2 都设为 0.4，设绝对风险规避度量 $\phi_1 = 10$、$\phi_2 = 10$。取中介机构和社会实践方的固定报酬都为 100，节点固定报酬为 0。

由表 6.6 和图 6.7、图 6.8 可知，在中介机构和社会实践方联盟利润的优化协同过程中，$\omega = 0.5$ 时中介机构的利润达到最大值 1075.4 万元。但是，三方的利润总和是在 $\omega = 0.5$ 时达到最大值 2422.4 万元，我们可以得出结论：在二次分享系数 $\omega = 0.5$ 时，中介机构和社会实践方联盟的利润达到最大值。同时说明，联盟利润是否变化与中介机构和社会实践方贡献水平对效益的贡献系数 a、b，以及在利润分享过程中的报酬初次的利润分享系数 λ 和报酬二次的利润分享系数 ω 相关。

表 6.6 二次分配利润系数与各个变量的关系

报酬二次的分享利润系数 ω	报酬初次的分享利润系数 λ	α	β	政府利润/万元	中介机构和社会实践方利润/万元
0	0.76	47.35	47.35	1183.70	709.80
0.10	0.79	49.51	49.51	1237.70	823.20
0.20	0.82	51.33	51.33	1283.30	924.60
0.30	0.84	52.72	52.72	1317.90	1005.30
0.40	0.86	53.58	53.58	1339.60	1057.40
0.50	0.86	53.88	53.88	1347.00	1075.40
0.60	0.86	53.58	53.58	1339.60	1057.40
0.70	0.84	52.72	52.72	1317.90	1005.30
0.80	0.82	51.33	51.33	1283.30	924.60
0.90	0.79	49.51	49.51	1237.70	823.20
1.00	0.76	47.35	47.35	1183.70	709.80

由以上数据可以得到两个节点在二次分享利润所有取值下的双方的利润变化。

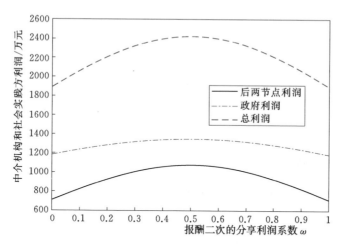

图 6.7 政府利润与中介机构-社会实践方联盟利润

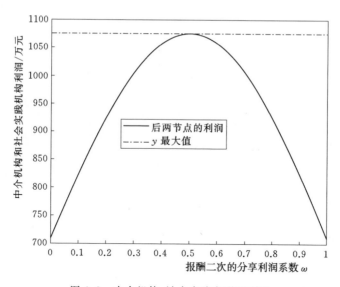

图 6.8 中介机构-社会实践方联盟利润

（2）根据图 6.7、图 6.8，进一步对中介机构和社会实践方联盟利润的影响因素进行分析。当改变影响利润的影响因素时，中介机构和社会实践方联盟的利润将会发生改变。假设保持其他变量不变，把中介机构的贡献水平系数 a 变为 0.6，使社会实践方的贡献水平系数 b 为 0.4，具体结果见表 6.7。

由图 6.9 可以看出，当中介机构和社会实践方的贡献水平系数 a 和 b 发生了变化，此时中介机构和社会实践方的贡献系数变大，使得中介机构和社会实践方的利润最大值出现时的报酬二次的分享利润系数不变。说明报酬二次的分享利润系数与中介机构和社会实践方的贡献水平系数 a 和 b 无关。

表 6.7　　　　　　　　　　二次分配利润系数与各个变量的关系

报酬二次的分享利润系数 ω	报酬初次的分享利润系数 λ	α	β	政府利润/万元	中介机构和社会实践方利润/万元
0	0.76	52.65	42.99	1213.70	734.10
0.10	0.80	55.01	44.92	1268.20	849.30
0.20	0.82	57.00	46.54	1314.00	952.10
0.30	0.85	58.51	47.78	1348.90	1033.70
0.40	0.86	59.46	48.55	1370.70	1086.30
0.50	0.86	59.78	48.81	1378.20	1104.50
0.60	0.86	59.46	48.55	1370.70	1086.30
0.70	0.85	58.51	47.78	1348.90	1033.70
0.80	0.82	57.00	46.54	1314.00	952.10
0.90	0.80	55.01	44.92	1268.20	849.30
1.00	0.76	52.65	42.99	1213.70	734.10

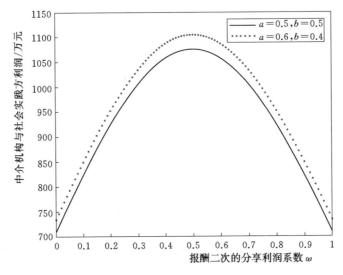

图 6.9　贡献水平对效益的贡献系数变化时中介机构-社会实践方联盟利润

（3）假设保持其他变量不变，把中介机构的成本系数变为 0.5，使社会实践方的成本系数保持 0.4 不变。此时，各个节点的利润变化见表 6.8。

由图 6.10 可以看到，当中介机构和社会实践方的成本系数 r_1、r_2 发生了变化，此时中介机构和社会实践方的成本系数 r_1、r_2 变大，使得中介机构和社会实践方的利润最大值出现时的报酬二次的分享利润系数 ω 不变。说明报酬二次的分享利润系数与中介机构和社会实践方的成本系数 r_1 和 r_2 无关。

表 6.8 二次分配利润系数与各个变量的关系

报酬二次的分享利润系数 ω	报酬初次的分享利润系数 λ	α	β	政府利润/万元	中介机构和社会实践方利润/万元
0	0.74	38.94	43.53	1029.30	586.86
0.10	0.77	40.88	45.70	1080.50	690.35
0.20	0.80	42.52	47.54	1124.10	784.16
0.30	0.83	43.78	48.95	1157.40	859.59
0.40	0.84	44.58	49.84	1178.30	908.66
0.50	0.85	44.85	50.14	1185.50	925.71
0.60	0.84	44.58	49.84	1178.30	908.66
0.70	0.83	43.78	48.95	1157.40	859.59
0.80	0.80	42.52	47.54	1124.10	784.16
0.90	0.77	40.88	45.70	1080.50	690.35
1.00	0.74	38.94	43.53	1029.30	586.86

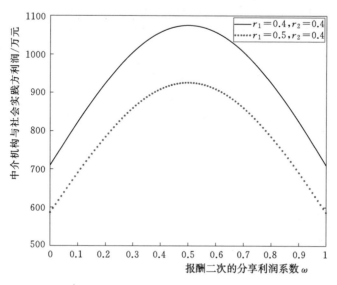

图 6.10 成本系数变化时中介机构-社会实践方联盟利润

（4）假设保持其他变量不变，使中介机构-社会实践方联盟的绝对风险规避度量 $\phi_1 = 15$，ϕ_2 保持不变仍然等于 10。此时，各个节点的利润变化见表6.9。

表6.9　　　　　　　　　二次分配利润系数与各个变量的关系

报酬二次的分享利润系数 ω	报酬初次的分享利润系数 λ	α	β	政府利润/万元	中介机构和社会实践方利润/万元
0.00	0.68	42.23	42.23	1055.70	470.94
0.10	0.72	44.90	44.90	1122.50	590.28
0.20	0.76	47.35	47.35	1183.70	709.79
0.30	0.79	49.45	49.45	1236.20	819.79
0.40	0.82	51.06	51.06	1276.60	909.32
0.50	0.83	52.08	52.08	1302.10	968.06
0.60	0.84	52.43	52.43	1310.80	988.54
0.70	0.83	52.08	52.08	1302.10	968.06
0.80	0.82	51.06	51.06	1276.60	909.32
0.90	0.79	49.45	49.45	1236.20	819.79
1.00	0.76	47.35	47.35	1183.70	709.79

由表6.9可知，$\Phi_1 = 10$、$\Phi_2 = 10$ 时，$\omega = 0.5$，最大利润为1075.4万元；$\Phi_1 = 10$，$\Phi_2 = 15$，$\omega = 0.4$，最大利润为998.54万元；$\Phi_1 = 15$，$\Phi_2 = 10$，$\omega = 0.6$，最大利润为998.54万元。由图6.11可以得出，当中介机构的绝对风险规避度量变大时，报酬二次的分享利润系数变大。当社会实践方的绝对风险规避度量 ϕ_2 变大时，报酬二次的分享利润系数变小。

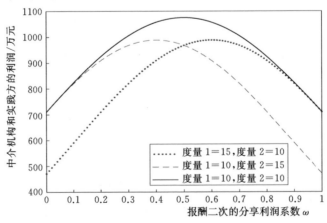

图6.11　绝对风险规避度量变化时中介机构-社会实践方联盟利润

（5）假设保持其他变量不变，增加外界的不确定因素 σ 到 121，此时各个节点的利润变化见表 6.10。

表 6.10　　二次分配利润系数与各个变量的关系

报酬二次的分享利润系数 ω	报酬初次的分享利润系数 λ	α	β	政府利润/万元	中介机构和社会实践方利润/万元
0	0.72	45.05	45.05	1126.40	597.58
0.10	0.76	47.44	47.44	1186.00	714.35
0.20	0.79	49.47	49.47	1236.80	821.28
0.30	0.82	51.04	51.04	1276.00	907.96
0.40	0.83	52.03	52.03	1300.60	964.66
0.50	0.84	52.36	52.36	1309.10	984.41
0.60	0.83	52.03	52.03	1300.60	964.66
0.70	0.82	51.04	51.04	1276.00	907.96
0.80	0.79	49.47	49.47	1236.80	821.28
0.90	0.76	47.44	47.44	1186.00	714.35
1.00	0.72	45.05	45.05	1126.40	597.58

由图 6.11 可以看出，当外界不确定因素方差 σ 发生了变化，此时外界不确定因素的 σ 变大，使得中介机构和社会实践方的利润最大值出现时的报酬二次的分享利润系数 ω 不变。说明报酬二次的分享利润系数 ω 与外界不确定因素方差无关联。

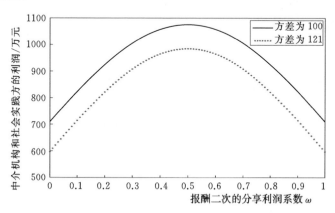

图 6.12　绝对风险规避度量变化时中介机构-社会实践方联盟利润

综上所述，从表 6.6～表 6.10 及图 6.7～图 6.11 的计算与表示结果来看，在优化协同模型中，中介机构-社会实践方联盟和政府的协同中，报酬二次的

分享利润系数 ω 与中介机构-社会实践方联盟的贡献水平的贡献系数 a、b、双方的成本系数 r_1、r_2 和外界的不确定性没有联系。但是，中介机构的绝对风险规避度量值 ϕ_1 与报酬二次的分享利润系数 ω 成正比社会实践方的绝对风险规避度量值 ϕ_2 与报酬二次的分享利润系数 ω 成反比。

结合普通协同模型和优化协同模型的分析，影响节点之间协同的几个因素有中介机构贡献水平 α、社会实践方的贡献水平 β、节点之间的报酬初次的分享利润系数 λ、节点之间的报酬二次的分享利润系数 ω、绝对风险规避度量、中介机构和社会实践方的贡献水平的贡献系数、双方的成本系数和外界的不确定性等。在普通协同模型中，节点之间的报酬二次的分享利润系数与其他影响因素相关。例如，介机构贡献水平 α、社会实践方的贡献水平 β、节点之间的报酬初次的分享利润系数 λ，它们的改变都会引起报酬二次的分享利润系数的改变。而在优化的协同模型当中，只有社会实践方的绝对风险规避度量与报酬二次的分享利润系数 ω 有关联。这种现象可以看作是协同内在机制驱动力的变化，协同程度在逐步提高。在实际的协同活动过程中，这样的优化协同模型是发展的趋势。

6.4　PPP 模式与社会效益债券协同演化机理

与一般项目工程不同，本书研究的项目属于生命周期长、项目施行困难的社会民生项目，外部环境复杂，内部参与方多。在 PPP 模式与社会效益债券协同的过程中，协同的演化是不可忽视的重要方面。在项目的协同演化过程中，我们能够分析系统演化过程，并找出影响演化的主要因素。

从宏观角度说，PPP 与社会效益债券的协同演化涉及从协同形成到协同结束的全过程，伴随着项目的全生命周期，节点之间的协同也在不断发生变化。在节点生成的全过程当中，当节点协同关系形成之后，经过相互磨合，相互适应，会逐渐从无序趋于有序的状态，这是一种协同生长的演化过程。当各个节点建立平衡关系后，各节点之间建立起某种协同运作模式并实现平衡、有序运作时。当外界经营环境发生变化，节点之间的协同也会发生变化。这种演化的过程也是节点之间项目协同的过程之一，这种协同的演化过程会随着项目的进行一直持续下去，直到项目的结束。

在协同博弈中，节点之间一直存在着长期的博弈。项目实际进行过程中，长期重复的博弈行为更加具有普遍性，在重复博弈过程当中，各个博弈方对各自的利益行为都具有选择性，然而在长期博弈选择中，各个博弈方会选择自己在长期的演化中获取长远利益的方式。

在协同运行的过程中有两种协同的模式，一种是普通协同运行模式，另外一种是优化运行协同模式。

（1）普通协同运行模式。在这种模式中，虽然成员之间寻求合作，但成员个体理性占主导地位，始终力图实现自身利润的最大化，易导致机会主义行为。此种模式中，节点的博弈行为表现为政府从自身考虑要获取专业化与高效化的项目建设方，实现项目效益最大化等目标。同时，政府实施相应的激励措施，选择激励合同，以最大化自己的收益。中介机构一方面要考虑政府需求的最优化，另一方面根据政府提供的激励合同选择努力水平，同时选择给社会实践方的激励合同以最大化自身的收益。

（2）优化协同运行模式。在这种模式中，成员拥有各自的信息，部分节点的个体理性行为逐步演化成集体理性行为，成员并不关心总体的优化，而对与自身相关的局部优化有更高的需求。此模式中，中介机构与政府的联盟协同，节点的博弈行为表现为政府选择激励合同以最大化自己的收益，中介机构与社会实践方以供给主体总利润的最大化为目标选择自身的努力水平，政府与中介机构之间仍形成委托代理关系，而中介机构与社会实践机构之间从委托代理关系上升为合作联盟关系。

两种协同的模式下政府与社会实践方（中介机构）博弈收益矩阵见表 6.11。

表 6.11　　　　政府与社会实践方（中介机构）博弈收益矩阵

分　类		社会实践方（中介机构）	
		普通协同运行模式	优化协同运行模式
政府	普通协同运行模式	(P_{11}, Q_{11})	(P_{12}, Q_{21})
	优化协同运行模式	(P_{21}, Q_{12})	(P_{22}, Q_{22})

P_{11}、Q_{11} 分别表示政府选择普通协同运行模式和社会实践方选择协同运行模式所获得的效益；P_{12} 表示政府选择协同运行模式和社会实践方选择优化协同运行模式时政府所获得效益；Q_{21} 表示政府选择普通协同运行模式和社会实践方选择优化协同运行模式时社会实践方所获得效益；P_{21} 表示政府选择优化协同运行模式和社会实践方选择普通协同运行模式时政府所获得效益；Q_{12} 表示政府选择优化协同运行模式和社会实践方选择优化协同运行模式时社会实践方所获得效益；P_{22}、Q_{22} 分别表示政府选择优化协同运行模式和社会实践方选择优化协同运行模式时政府和社会实践方所获得效益。

在重复的博弈过程中，项目在长周期的建设过程中，假设节点之间继续坚持合作的概率为 p。这里假定博弈双方都采用优化协同的运作模式，但当其中有一方出现问题双方就变回普通的协同运作模式。以政府方收益为例，首先对于节点来说采用优化的协同，可以得到的收益 ψ_g 为

$$\psi_g = \sum_{t=1}^{n} R^{t-1} P_{22} = P_{22} + RpP_{22} + R^2 p^2 P_{22} + \cdots + R^{n-1} p^{n-1} P_{22}$$

$$= P_{22} \left(\frac{1 - R^n p^n}{1 - Rp} \right) \tag{6.37}$$

式中：t 为项目的阶段；R 为提现的系数，$R = \dfrac{1}{1+r}$。

将式（6.37）取极限，可以得到

$$\psi_g = \frac{P_{22}}{1 - Rp}$$

当其中有一方出现问题时，如在 k 阶段出现问题，导致其中节点的收益变成了 P_{21}，则相关的后续都变为普通的协同模式。

$$\psi'_g = P_{22} + RpP_{22} + R^2 p^2 P_{22} + \cdots + R^{k-1} p^{k-1} P_{21} + R^k p^k P_{11} + \cdots + R^{n-1} p^{n-1} P_{11} \tag{6.38}$$

式（6.38）取极限可以得出

$$\psi'_g = \left(\frac{1 - R^{k-1} p^{k-1}}{1 - Rp} \right) P_{22} + R^{k-1} p^{k-1} P_{21} + \left(\frac{R^k p^k}{1 - Rp} \right) P_{11}$$

系统最好的状态是 $\psi_g > \psi'_g$，所以可以得到 $\dfrac{P_{21} - P_{22}}{P_{21} - P_{11}} < Rp < 1$，说明贴现率 R 和节点选择坚持合作的概率 p 乘积的范围都成为影响节点选择优化协同的影响因素。在 $\dfrac{P_{21} - P_{22}}{P_{21} - P_{11}} < Rp < 1$ 这个既定的范围之内，政府、中介机构、社会实践方的选择都会按照优化模型来选。各个节点会选择组成合作联盟来进行协同合作。各个节点会趋向于合作而非失信。

通过以上模型可以得出的结论：当 R 贴现系数越大时，也就是市场利率越小时，这时节点（如投资者等机构）会注重长期的利益，节点的失信可能性会变小。反过来，也就证明了市场利率越小，节点失信的可能性越小。根据 $\dfrac{P_{21} - P_{22}}{P_{21} - P_{11}} < Rp < 1$，当节点的双方都选择 P_{22} 增大时，也就是双方选择优化合作的收益增加时，双方节点失信的可能性也越小。增大双方选择合作联盟的措施有激励或者合同的方式，让两者受到优化协同的利益激励或失信惩罚措施来约束。

总之，协同机理表征的是系统运作发展过程中内在的、本质的协同运作规律与发展逻辑，它是进行协同运作管理的基础和依据。协同形成机理指出，协同的形成受到内、外部驱动力的共同作用影响，因此在协同运作管理中要善于从内、外部环境去发现、识别和把握协同机会。协同生长机理表明，节点间的协同关系虽然具有向实现共存稳定均衡状态发展的路径与趋向，但是具有不确定性，因为协同生长趋向既可能趋于稳定也可能趋于不稳定，稳定状态可能趋于单点稳定，也可能趋于整体共存稳定。因此，要实现系统整体共存稳定发展，需要依据成员间不同的协同关系，在遵循协同生长自组织规律的基础上，采取有效的组织策略进行引导和调节。协同运行机理说明，不同的协同运行模式具有不同的内在运行逻辑，节点的协同运行过程会受到各种主客观因素的共同影响，而且各种因素对于不同协同运行模式的影响也是不同的，要注意选择合适的协同运行模式，依据不同的协同运行模式进行相应的管理。而协同演化机理则告诉我们如何去实现协同的深化，以追求利润的增值。结合节点机构的行为，对节点机构的行为进行激励，以达到利润增长的目的。在实际的运作管理中，可以根据节点机构间的业务运作等数据，估计模型中所涉及的参数，通过对机构协同运作发展状态的仿真分析与预测，为协同管理提供依据。

第7章

社会效益债券生态水利 PPP 项目中的应用分析

本章的研究范围是生态水利 PPP 项目 SIBs 定价问题，是本书承上启下的部分，在探讨 SIBs 在生态水利 PPP 项目中应用的必要性与可行性的基础上，构建了 SIBs 下生态水利 PPP 模式，并就债券发行的主要原则、基本内容、运作流程进行阐述。

7.1 社会效益债券概述

7.1.1 社会效益债券基本内容

社会效益债券由为公共服务融资的金融机构（受政府委托）发行，私人投资者认购，筹集资金用于资助非营利组织（NPO）从事一些具有特定政府目标和明确结果的服务活动，政府依据服务指标的完成效果和预先设定期限向投资者支付本金及相应的利润。政府基于绩效目标的完成度来支付费用，支付的金额常随着超出最低目标的部分而增加，但不会超过事先约定的最高支付水平。如果非营利组织没能完成最低的绩效目标，政府将不予支付费用。SIBs 是一种跨部门协作的产品化社会筹资机制，是以产生的社会效益为主兼顾经济效益的新兴投资形式。典型的社会效益债券模式是由政府、社会筹资机构、非营利组织、第三方专业评估机构、投资者等组成，政府以特定的社会问题为目标，由社会筹资机构发行债券并负责整个项目的设计与协调工作，非营利组织负责项目的具体实施，SIBs 结构如图 7.1 所示。

7.1.2 社会效益债券在我国应用概况

金融创新正在成为公共事业发展的新动力，公共产品或服务商业化逐渐成为主流。社会资本通过创新的金融工具投入到公共事业中来，其资金与技术的双重优势对公共事业起到了强大的推动作用。我国第一单社会效益债券是山东

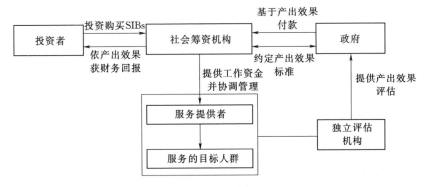

图 7.1　SIBs 结构图

省沂南县扶贫社会效益债券，该债券于 2016 年 12 月在中国银行间市场交易商协会成功完成注册和募集资金。募集所得资金为 5 亿元，其投资者为中国农业发展银行、齐鲁银行、青岛银行、临商银行、青岛农商行 5 家机构。募集资金主要用于沂南县的扶贫工程：特色产业项目、扶贫光伏电站、扶贫就业点、扶贫基础设施配套和公共服务等，项目覆盖了 125 个贫困村，约 2.2 万群众直接受益。债券票面利率采取"固定利率＋浮动利率"的方式，并聘请了中国扶贫协会作为扶贫效果评估方，按照"应实现脱贫人口年均收入水平"情况，采取一年一评估的方式确定最终的扶贫效果，债券到期收益率参照评估结果进行浮动，浮动区间在 3.25%～3.95%。

我国债券市场尚处在发展初期阶段，大量公共服务还是采取政府直接提供的方式，这些客观因素制约了我国借鉴 SIBs 经验并付诸实践的步伐。但第一例 SIBs 的顺利发行对这种模式在我国的进一步推广奠定了基础。

7.1.3　社会效益债券与 PPP 模式关联性

PPP 模式在实际运作中出现融资难、落地难的问题，这与 PPP 项目资产流动性差、政府信用不足、政策衔接不配套、部分项目实施不规范等都有很大的关系。尤其是政府诚信缺失已成为社会资本方参与 PPP 项目的严重阻碍。地方政府与社会资本合作时处于强势地位，部分地方政府缺乏契约精神，失信、违约现象屡见不鲜，加上收益率不高，社会资本投资动力不足，难以达到实施 PPP 模式的目的。同时，对于大量的可行性缺口补助项目与政府付费项目，政府方经受着风险与资金的双重压力，创新 PPP 项目的实现形式和交易模式，是 PPP 模式优质发展的重要路径。PPP 模式与 SIBs 均是通过充分发挥社会资本的资金、技术、管理等优势，提升公共产品及服务的质量与水平，除了目标一致外两者之间还存在多种相似点。

7.1.3.1　形式与目的相同

PPP 模式与 SIBs 的提出源于地方政府财政困难，无法为公共事业通盘买单，而且在政府资金使用效率不高的情况下，学者们把眼光聚焦到社会资本上的。此次变革应能够有效缓解政府财政困难、促进政府行政职能转变、提供更好的公共产品或服务，同时，社会资本方也能因此获得合理利润。这两种变革从形式上来看都需要政府出思路，社会资本方出方案，即在政府的引导与监管下，社会资本方在一定期限内负责某项公共项目的建设或服务的提供，最终实现参与方的"共赢"。

7.1.3.2　支付与绩效关联

财政部《关于印发政府和社会资本合作项目财政管理暂行办法的通知》（财金〔2016〕92 号）明确指出，各级财政部门应当同行业主管部门在 PPP 项目全生命周期内，按照事先约定的绩效目标，对项目产出、实际效果、成本收益、可持续性等方面进行绩效评价，也可委托第三方专业评估机构提出评价意见。SIBs 项目更是在提出之初就定位为"基于绩效给付的债券"，政府根据绩效目标的完成程度支付费用，支付程度的高低根据预期目标实现的多少来确定，但不会超过约定的最高支付水平，延迟支付与支付差额恰是政府行政职能改革节约的成本。

7.1.3.3　涉及主体多样性

PPP 模式涉及主体主要有政府方、社会资本方（外资企业、央企、国企、私企等）、融资方、承包商与分包商、原材料供应商、专业运营机构、咨询机构、社会公众及联合体等。SIBs 涉及主体主要有政府方、社会筹资机构、非营利组织、社会公众等。总体来看，这两种公私合作模式均涉及主体较多、行业跨度较大、对社会资本方专业性要求较高，在这种情况下如何协调各方利益、有效规避潜在风险并最终达到整体最优产出是社会资本方需要重点关注的问题，也是项目最终成败的关键环节。

7.1.3.4　模式创新

政府是公共服务的直接提供者，无论是 PPP 模式还是 SIBs 模式，都是政府通过一定形式将本该由自身提供的社会服务转移给更有资金能力或是更能够提高效率的社会资本方，实现专业的人做专业的事，有利于国家资源的节约。在这两种模式中，融资都不是最终目的，而是这两种模式实现的关键环节，最终目标是实现公共服务供给机制的创新，尤其是对促进政府职能转变有重要意义，长期来看，对我国实现稳增长、促改革、调结构、惠民生、防风险有重要意义。与此同时，这两种模式突破了社会资本进入公共服务领域的各种瓶颈，给予社会资本更多的发展机会，在我国经济整体下行的情况下有利于激发市场主体活力与发展潜力。

7.2　社会效益债券在生态水利 PPP 项目中的
应用必要性与可行性

7.2.1　社会效益债券在生态水利 PPP 项目中的应用必要性

7.2.1.1　政府补贴金额大

截止到 2018 年年底，我国计划投资中央水利建设累计金额已达 2536.6 亿元，其中 1552.6 亿元为中央投资，具体包含中央预算内水利投资 880.1 亿元、中央财政水利发展资金 672.5 亿元。在党的十八大之后，党中央将水安全纳入国家战略，提出了许多关于水利改革发展的重大决定，水利事业发展和农田水利建设也打开了新的局面。与此相对的是，截止到 2018 年末，地方政府债务余额为 18.39 万亿元，债务率为 76.6%，为了支持地方基础设施建设，加大基建投入，2019 年较大幅度增加政府专项债，这也是政府在积极探索如何利用社会资本进行基础设施建设的有效尝试。2018 年末，PPP 项目管理库中，可行性缺口项目与政府付费项目约占九成，大量尚需政府补贴的 PPP 项目聚集，财政收入的增长对水利投资的需求来说是远远不够的。政府通过 SIBs 筹集资金作为自有资金投入 PPP 项目，到期采用按绩效付费的方式给付债券投资者，能够有效延长支付期限、提高资金使用效率，有利于生态水利 PPP 项目的长远发展。

7.2.1.2　降低政府风险

生态水利 PPP 项目存续期限一般在 20～30 年，随着项目的不断推进，政治风险、经济风险、环境因素等都可能存在很多变化，且水利 PPP 项目规模大、涉及主体多、资金投入量大，总体来看项目的风险性依然很高。在 PPP 模式中，项目各风险由更有能力承担这种风险的政府方或社会资本方承担，达到了风险共担的目的，但因公共服务领域投资规模大、期限长且所需补贴项目众多，总体来看政府承担风险依然较大，且政府拥有 PPP 项目的所有权，事实上政府仍是 PPP 项目的重要风险承担者。政府通过发行 SIBs 这种方式筹集资金，与 SIBs 投资者之间形成债权关系，地方政府按照合同约定，根据第三方专业评估机构的绩效评估结果兑付 SIBs，若达不到最低支付标准，政府甚至可以不予兑付 SIBs。SIBs 下的 PPP 模式中，政府实现了延期支付、转移风险的目的。绩效标准的制定，也能够有效转变社会资本方以服务数量而非社会效益为主要衡量标准的现状，能够提升我国公共服务质量水平，促进社会服务业可持续健康发展。

7.2.1.3 增加政府融资通道

地方政府是公共服务的直接提供者,但我国经济进入新常态后,地方政府公共设施建设领域长期依靠政府投资弊端显现。SIBs 与其他地方政府采用的融资方式相比有较多优势。首先,SIBs 信用较高,地方政府作为债券兑付者,还款来源已列入地方政府财政预算部分,信用等级较高,风险规避者倾向选择这类产品;其次,免除利息的纳税,国家明确指出"对于企业和个人取得的地方政府债券利息收入,免征增值税、企业所得税和个人所得税",SIBs 作为地方政府债券的一种,以 6% 的增值税税率计算,投资者购买 SIBs 可以节省大约 29.76% 的费用;最后,SIBs 可以发展为具有中国特色的市政债券。市政债券是西方国家成熟有效的地方政府融资手段,能够有效反映投资者需求,评级制度、信息披露制度都能有效提升项目效率,便于政府行使监督权。

7.2.2 社会效益债券在生态水利 PPP 项目中的应用可行性

7.2.2.1 社会效益债券在生态水利 PPP 项目中应用的政策法律可行性

关于地方政府债券,国家法律包括《中华人民共和国预算法》《中华人民共和国担保法》等;规章制度与规范性文件包括财政部、银监会和证监会出台的相应文件。财政部依据《中华人民共和国预算法》和国发 43 号文制定了一系列政策办法,其中《地方政府一般债券发行管理暂行办法》和《地方政府专项债券发行管理暂行办法》分别对一般债券、专项债券在发行过程中的发行主体、发行规模、发行期限、信用评级等作出专门规定。

地方政府一般债券基于没有收益的公益性项目,以一般公共预算收入作为还本付息依据的政府债券,地方政府专项债券是基于有一定收益的准公益性项目,以项目对应的政府性基金或专项收入作为还本付息依据的政府债券。可行性缺口补助项目与政府付费项目中政府出资部分,资金提供者是地方政府,依托项目是准公益性项目或公益性项目,符合我国对地方政府发债要求,SIBs 应用在 PPP 项目中在法律政策上是完全可以实现的。

7.2.2.2 社会效益债券在生态水利 PPP 项目中应用的理论可行性

生态水利 PPP 项目的发展有利于提升公众生活质量水平,促进社会发展与进步。根据资源配置的有效性划分,生态水利 PPP 项目具有外部性,即一个人或一群人的决策和行动使其他人或一群人受益或受损。代际公平也体现在公共产品供给的时间外部性。代际公共产品根据代际理论分为两类:一类是指公共产品使用年限使投资者与后代人受益,如公路、机场、港口等公共项目;另一类是指投资人为后代的受益人付费,如教育、医疗、养老等公共产品与服务。

以水利 PPP 工程为例,青岛海湾大桥、香港青马大桥等的设计使用年限均达到 120 年，借鉴代际公平理论，这些项目的建设成本均能分配到每年的预计收益之中。生态水利 PPP 项目投资较大，股东资金达不到建设资金需求时，根据该理论可以将成本分摊到各代受益方，实现代际公平。SIBs 作为 PPP 模式的一种融资工具，地方政府将各个阶段的项目绩效评价结果综合起来作为标准兑付债券，符合代际公平理论要求，具备理论上的可行性。

7.2.2.3 社会效益债券在生态水利 PPP 项目中应用的市场可行性

金融体系的完善与金融手段的创新不断促进资本市场的发展，债券作为金融手段的一部分，其作用与发展受到大家的普遍关注。债券市场主要经历了三个阶段，分别为场外柜台交易阶段、交易所交易阶段及银行间交易阶段，产品也在不断地更新完善。2018 年债券市场共发行各类债券 22.60 万亿元，同比增长 10.41%。2005—2018 年我国债券市场发行量趋势如图 7.2 所示。

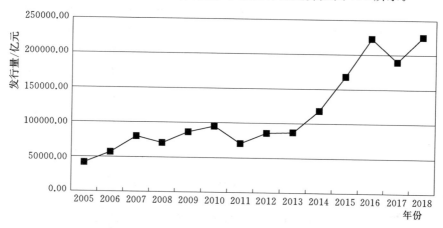

图 7.2 2005—2018 年债券市场发行量趋势图

债券市场的快速发展体现了投资者对资本市场的信心与政府部门不断深化改革的决心。2018 年地方政府债券的品种、主体、期限持续丰富创新，全国首只地方政府水资源配置工程专项债、新疆生产建设兵团首次发行地方政府债、首只棚改专项债相继成功发行，公开发行的地方债期限品种不断丰富，同时普通专项债券增加了 15 年和 20 年期，一般债券也增加了 2 年、15 年和 20 年期。地方政府债券品种的不断创新也让政府筹集生态水利 PPP 项目资金有了新的方向，SIBs 在生态水利 PPP 项目中应用是完全可行的。

7.3 社会效益债券在生态水利 PPP 项目中的发行研究

资产证券化、项目收益债券等 PPP 融资工具虽然能解决项目公司融资难的问题，但政府可能面临资金、风险双重压力，公益性强、政府资金投入较大的生态水利 PPP 项目尤其如此，然而 SIBs 的出现为政府解决这一问题带来可能。本书对 PPP 模式进行丰富，在传统 PPP 模式中引入 SIBs，地方政府通过 SIBs 筹集资金作为股权资金或运营补贴支付给项目公司，并将第三方专业评估机构对项目的绩效评价结果作为向 SIBs 投资者及社会资本方的支付标准，使其更加符合现阶段我国公私合作的需要。SIBs 在生态水利 PPP 项目中的应用结构如图 7.3 所示。

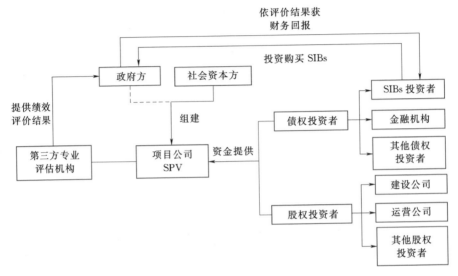

图 7.3　SIBs 在生态水利 PPP 项目中应用结构图

　　地方政府是 SIBs 的还款主体，遵循不增加政府性负债原则，政府兑付 SIBs 的支出应为列入地方政府财政预算部分，同时这种还款方式也间接为 SIBs 增信，增加其流通性。SIBs 在出售前应明确资金的使用范围、债券期限、票面利率等，其中使用范围根据资金使用用途确定；债券期限一般为项目期限，但第三方专业评估机构应定期对 PPP 项目进行考核，以多次考核后的综合评价结果作为 SIBs 付费标准，为增加项目流通性，也可采用阶段发放 SIBs 并兑付的方式；票面利率的初始确定应根据项目预期收益率，并依据政府与社会资本方最初约定的项目绩效标准确定一定的浮动范围，作为政府进行奖励性或惩罚性兑付的标准，政府也因此达到规避风险、延期支付的目的。

7.3.1　社会效益债券发行主要原则

7.3.1.1　法制原则

　　地方政府具有扩大举债的动因，也就是举债权具有膨胀倾向。因此，地方政府举债时首先应明确举债原因，在法律赋予的合法权利内，按照发行规则与程序进行发债行为。同时，法制化也为地方政府举债提供制度保障，若缺少宪法法律的支持，地方政府的权益可能会受到来自上级政府的侵害。《中华人民共和国预算法》《中华人民共和国担保法》《国务院关于加强地方政府性债务管理的意见》等相关政策法律的制定，有助于地方举债的健康制度环境建设以及地方举债的长远发展。

7.3.1.2 偿债能力原则

债券发行最重要的是最终能否按照约定时间还本付息，地方政府债券是以地方政府信用为担保向公众筹集资金的形式。作为债务人，地方政府是比较特殊的，如果不能及时还款，将影响政府信誉、妨碍政府职能并进一步影响公民福利。地方政府发行债券时应严格遵守偿债能力原则，控制举债规模使其处在偿债能力之内，这是预防政府债务风险的根本措施。

7.3.1.3 项目适用原则

地方政府基于生态水利 PPP 项目发行 SIBs 是为了解决地方政府资金趋紧、防范政府风险、提高资金使用率，地方政府在发债之前应考虑项目的适用性。SIBs 是根据第三方专业评估机构的绩效评估结果对投资者进行付费，此类项目应是有明确目标的公益性项目。同时，政府根据水利 PPP 项目实际情况明确补贴份额与债券发行票面利率，科学分析发债规模，可通过中介机构进行可行性分析报告、专家论证，最终保证项目的适用性。

7.3.1.4 公平、公开、公正原则

为保障生态水利 PPP 项目 SIBs 参与各方法律地位平等，SIBs 融资的全过程都需要坚持公平、公开、公正的原则。所谓公开，指的是项目公司除了可以依法保密的信息外，必须将项目的资金使用情况、建设运营情况等相关真实信息进行公开，同时也应保证信息的有效性、及时性及公众的可理解性。所谓公平，指的是生态水利 PPP 项目参与各方要秉承公平理念，权利与义务相一致。所谓公正，指的是司法机关和监管机构要保证评判、监管的公正性。

7.3.1.5 投资者权益受保护原则

资本市场的创新和发展与投资者密切相关，保护投资者的利益是资本市场发展的重要议题。有效保护投资者权益，投资人数和资金量才会有所上升。SIBs 作为一种新型融资方式，为投资者树立信心是债券能否流通的关键。对投资者权益的保护，国家应该保证其具有知情权，建立相应法律法规，当然投资者自身也应加强相关投资知识的学习，提升自我权益保护意识。

7.3.2 社会效益债券发行基本内容

债券的发行需明确一系列基本内容，根据我国实际情况，SIBs 的发行主体暂定为地方政府，本书参考地方政府一般债券发行管理暂行办法，在考虑

PPP 模式与 SIBs 特性的基础上，对 SIBs 的发行从发行主体、债券期限、票面利率、发行方式、资金用途等内容进行进一步完善。

7.3.2.1　发行主体

西方国家的 SIBs 由政府委托社会筹资机构发行，私营部门的机构或个人筹资者认购，筹集资金用于购买非营利组织劳动，提供公共服务。我国社会筹资机构与非营利组织相比西方国家发育尚不健全，在实际应用中操作难度大。根据生态水利 PPP 项目特点，考虑由地方政府或其委托相关机构代替社会筹资机构发行债券，为提高 SIBs 可信度，防止增加政府负债，以纳入地方政府财政公共预算部分作为还款来源，通过 SIBs 筹集到的资金作为政府资金交由项目公司在项目建设与运营期间统筹进行资金调配。

7.3.2.2　债券期限

生态水利 PPP 项目存续期限通常是 10～30 年，SIBs 是以项目未来预计产生的现金流作为固定利率的付款标准，故债券持续时间可以定为项目的建设及运营整个周期，政府按照第三方专业评估机构的绩效评估结果奖励型或惩罚型兑付债券。为提高 SIBs 的流动性，也可根据项目具体情况，参照政府补贴时间滚动式发行，债券兑付按照前一阶段的绩效评估结果兑付，政府可根据实际需要选择是否发行后一阶段的债券。

7.3.2.3　票面利率

影响 SIBs 初始票面利率的主要因素是债券信用等级、项目预期收益情况，其与地方政府信用等级、项目此阶段的风险水平、债券发行期限等因素有关。政府在进行债券兑付时，需要对比此阶段绩效评估结果与事先约定标准，选择具体的奖励型或惩罚型的约定兑付方式，达到提高政府资金使用效率、分散政府风险、提高公众参与积极性的目的。而且 SIBs 的初始票面利率应高于同期银行定期存款利率，以增加其在资本市场的竞争力。

7.3.2.4　发行方式

根据债券发行所针对的群体和资质的差异，债券有公开与非公开两种发行方式。公开发行所面对的群体是全社会；非公开发行是发行单位根据具体限制条件只向部分合格投资者发行。SIBs 的发行是为了筹集社会资金，解决政府财政资金困难与资金利用率低等问题，同时也为投资者找到一个兼顾利益与声誉的长期、稳定的投资方式。国际上多数的 SIBs 采用非公开发行的方式，主要原因在于：①该产品为新型债券产品，投资者并不熟悉其运行机制，同时绩效的好坏会引起利率的变更，公开发行可能会增加双方沟通成本；②PPP 模式中政府出资有限，单个项目 SIBs 发行数额不会太高，定向发行完全可以满足需要。我国 SIBs 处于尝试阶段，各方面的政策、流程都不熟悉，现阶段发行 SIBs 可采用非公开发行的方式。

7.3.2.5 资金用途

SIBs 作为政府参与 PPP 项目的一种融资方式，在国内并没有成熟的可借鉴实例，可参考国外发行市政债券的经验。因生态水利 PPP 项目的公益性性质，SIBs 的发行牵涉较广，为防范社会风险的产生，故前期试点阶段募集资金应仅用于项目建设和运行。推广阶段、成熟阶段时可适当放开资金用途的规定，根据项目具体需求用于技术更新、结构优化、资金还款等。但无论哪种情况，在发行时具体用途应写入募集说明书，以书面形式告知消费者。

7.3.3 社会效益债券发行运作流程

生态水利 PPP 项目本身就是一项复杂工程，在此基础上发行 SIBs，需要参与各方按照有关流程紧密配合，主要有以下几个环节。

7.3.3.1 尽职调查

生态水利 PPP 项目多种多样，不是所有的项目都适合发行 SIBs，在项目发行 SIBs 前，尽职调查是其中最重要也是最基础的环节。第三方专业评估机构对项目进行全面调查评估，保证披露信息的真实、准确和完整性。对项目发行 SIBs 尚存在的风险进行识别，保障投资者的合法权益。调查最终结果是根据 SIBs 适用条件，寻找有高水平的净收益、可测量的结果、可靠的效益评估，并且能防止目标人群受损的生态水利 PPP 项目。

7.3.3.2 干预模式设计

发行 SIBs 的公益性项目一般较为复杂，不存在所有案例均适用一种干预方法，干预模式应反映项目实际需求。

（1）服务供求关系评估。如果生态水利 PPP 项目实施后，会有可观的经济利润和社会效益回报，即在此领域投资项目会有显著影响。以污水处理项目为例，项目实施后本地的污水处理量、污水处理服务费等有了改善，那么在该领域进行项目投资与目标结果的达成有实际的供求关系。

（2）干预策略评估。干预策略评估包括定性和定量调查评估，其中应包含对服务提供机构工作人员的访谈及目标群体需求和结果改善情况。根据西方国家已发行 SIBs 的经验，独立评估机构的公平公正是影响投资者是否投资该项目的重要因素。

（3）服务提供者选择。PPP 项目公司是 SIBs 的服务提供者，选择合适的项目公司对于投资者评估 SIBs 风险尤为重要。选择过程一般包括审查社会参与方以往的业绩记录、资金活力、专业水平等。

（4）绩效管理。SIBs 的收益水平与项目的运营绩效挂钩，绩效水平越高，债券投资者的收益也就越好，这也是 SIBs 被称为"基于绩效给付的债券"的原因。在实际项目中，社会影响的核算往往比经济核算更为复杂，经济核算可以通过利润指标来衡量，而社会影响的核算往往很难通过单个指标进行衡量，故专业的第三方专业评估机构的绩效评价尤为重要。绩效管理可通过记录、分析数据、报告项目进展情况等来了解项目运营效率与目标群体需求满足情况，并通过这种方式提高项目效益，增加投资者的信心。

7.3.3.3　成本预算

生态水利 PPP 项目包括项目类型众多，但实际上不同项目采用的财务评价方法并不十分相同，在城市基建程序中，应当建立合适的财务评价模型，为项目实施提供决策依据。地方政府基于生态水利 PPP 项目发行 SIBs，应是根据项目未来可能产生的现金流，通过对未来现金流的测算，进行固定利率的定价，并通过项目绩效水平确定浮动利率标准，以此确定 SIBs 的利率范围。但是，生态水利 PPP 项目一般存续时间较长，且涉及主体众多，影响现金流的因素是多方面的，在固定利率定价时成本预算选取合适的测算模型十分重要。

7.3.3.4　付款计划

西方国家发行 SIBs 一般是通过实验组与对照组的比较来测量服务提供结果。SIBs 购买合同中包含约定好的结果指标与每百分比变化的报酬。通常情况下，SIBs 付款计划一般包括以下几个特点：①在约定范围内，绩效越好，政府支付金额越多；②项目达不到最低绩效标准，政府不予支付；③支付金额预算存在上限，达到最高限额支付不会增加。政府基于生态水利 PPP 项目发行 SIBs 时，考虑到我国 SIBs 发行处于初探阶段，达不到最低标准不支付本金可能不切实际，票面利率预计采用"固定利率＋浮动利率"的形式，根据项目绩效结果进行付费。

7.3.3.5　管理结构

生态水利 PPP 项目公司按约定时间向第三方专业评估机构报告项目建设或运营情况，第三方专业评估机构根据 PPP 项目公司的报告及绩效评价标准，按约定时间向主管部门及地方政府汇报情况。政府方按照获取内容对 SIBs 进行奖励型或惩罚型兑付。SIBs 管理结构存在两个层面：战略层面，地方政府通过定期的审查会议持续审查项目绩效，即项目运行情况；实践层面，生态水利 PPP 项目公司执行项目建设和运营情况，并接受第三方专业评估及地方政府的监管。

7.3.3.6　结果评估

结果评估主要包括结果指标和测量手段。结果指标是地方政府与投资者在合同签订时应商定好的重要条款；测量手段的客观性决定了该项目对投资者是否具有吸引力。针对生态水利 PPP 项目发行 SIBs，有别于西方国家针对公共服务发行 SIBs，项目能否成功不能只考虑社会绩效，而是将社会效益纳入到项目的整个绩效考核体系中，这也是前文提到的测量手段。第三方专业评估机构得到项目的绩效评价结果作为政府付款的标准，也即结果指标。

第 8 章

生态水利 PPP 项目的社会效益债券
定价模型构建

政府基于生态水利 PPP 项目发行社会效益债券时可以采用"固定利率＋浮动利率"的形式。本章从固定利率定价与浮动利率定价两方面入手，构建地方政府基于生态水利 PPP 项目发行 SIBs 的定价模型，其中固定利率定价基于项目未来现金流，浮动利率定价基于项目绩效评价结果，本章内容为后文的实证分析奠定基础。

8.1　定　价　模　型　选　择

政府依据生态水利 PPP 项目发行 SIBs，债券投资者也是项目投资者，项目建设及运营结果决定了债券投资者的收入水平。国内目前针对 SIBs 定价还处于对历史数据的判断，缺乏准确而有效的手段。SIBs 定价应属于资产定价，其原理与股票、债券都较为相像，基于这种思路，借鉴现有定价方式予以适当修改，得到适合生态水利 PPP 项目的 SIBs 定价方法。

生态水利 PPP 项目的 SIBs 定价思路：①固定票面利率确定，对 PPP 项目未来可能产生的现金流进行预测，并选取一个合适的折现率，就能初步得到对应现值，算出债券收益率，这也是地方政府或其委托机构发行 SIBs 对应的初始固定利率；②浮动票面利率确定，PPP 项目的最终目的是实现经济价值与社会价值的最大化，选择项目绩效指标作为债券浮动利率的确定标准是比较合适的，设置一定的浮动利率区间与之对应，在固定利率的基础上，地方政府针对债券进行奖励型或惩罚型兑付。

8.1.1　定价方法比较

8.1.1.1　静态现金流折现法

静态现金流折现法（Static Cash Flow Yield，SCFY）是最早提出并使用的定价方法，这种方法在实践中操作简单明了，但是没有考虑利率波动及债券提前偿付等问题，因此所得结果可能与实际相差较大，特别是对于 PPP 这种周期较长的项目，更易产生较大误差。利率的确定是通过与可比证券的收益率进行对比，考虑债券影响因素得出利差值，配合基础利率并结合一定的折现率得出，公式为

$$P = \frac{CF_1}{1+r} + \frac{CF_2}{(1+r)^2} + \cdots + \frac{CF_T}{(1+r)^T} = \sum_{t=1}^{T} \frac{CF_t}{(1+r)^t} \qquad (8.1)$$

式中：P 为债券价格；CF_t 为第 t 期预期现金流；r 为静态现金折现率，也称调整过的名义利率。

8.1.1.2　静态利差法

静态利差法（Statistic Spread，SS）是通过假设一个初始固定静态利差，加上同期国债收益率作为折现率，进而对项目未来现金流贴现，得出债券价格。静态利差法弥补了静态现金流折现法未考虑到利率随时间波动的缺陷。静态利差是假设特定信用等级和特定期限的项目产品的收益率曲线，与国债产品的收益率曲线之间的利差是固定的，这个固定差值就是静态利差。该方法考虑到产品价格受期限结构的影响，期限不同利率及风险溢价也随之改变，但没有考虑到未来利率波动对现金流产生的不确定影响以及未来现金流提前偿付问题，公式为

$$P = \frac{CF_1}{1+r_1+\text{SS}} + \frac{CF_2}{(1+r_2+\text{SS})^2} + \cdots + \frac{CF_T}{(1+r_T+\text{SS})^T}$$

$$= \sum_{t=1}^{T} \frac{CF_t}{(1+r_t+\text{SS})^t} \qquad (8.2)$$

式中：P 为债券价格；CF_t 为第 t 期预期现金流；r_t 为第 t 期当时的国债收益率；SS 为静态利差，反映债券产品与国债的溢价。

8.1.1.3　期权调整利差法

期权调整利差法（Option Adjusted Spread，OAS）与静态利差法相比进一步考虑了基础资产未来现金流的提前偿付问题，在进行产品定价时，综合考虑了利率风险，在不同利率情况下计算提前偿付行为，这种方法必须尽可能尝试在多种利率路径下计算，才能保证最终结果的准确性。例如市场利率下降，此时发行人再融资成本下降，可以通过举借新债务的方式偿还已经发生的成本较高的债务，提前偿付率就会上升。期权调整利差法是先假定一个初始利差，该初始利差与各模拟路径的利率之和作为每条路径上的贴现率，进一步得到每条路径上的贴现值，最后将各个路径上的折现值加总取平均值，即为债券产品理论价格。若理论价格与市场上的产品价格一致，则此初始利差为期权调整利差。通过反复计算比较，求得最终的期权调整利差值，公式为

$$P = \frac{1}{N} \sum_{n=1}^{N} \sum_{t=1}^{T} \frac{CF_t^n}{\prod_{t=1}^{T}(1+r_t^n+OAS)} \qquad (8.3)$$

式中：P 为债券价格；N 为模拟利率路径总条数；CF_t^n 为第 n 条路径下 t 期的预期现金流；r_t^n 为第 n 条路径下 t 期的基准利率。

期权调整利差法在静态利差法的基础上考虑了利率变动风险、提前偿付问题、信用风险等给债券产品价格带来的影响。但缺点也很明显，我们求得的是所有路径下利差的平均值，投资者实际需要的是某条路径下的利差，而且该模型考虑较为全面，整个计算过程也就相对比较复杂，这些问题都限制了期权调整利差法的应用范围。

8.1.1.4　蒙特卡洛定价法

蒙特卡洛模拟定价法（Monte Carlo Simulation Model，MCSM）与上述三种方法有所不同，该方法是直接通过基础资产的现实状况来建立数学模型，不需要有严格的前提假设，通过大量模拟利率路径，得出每条路径下的资产到期价值，再通过无风险利率贴现，得出资产价格的期望值。该模型考虑到违约风险和提前偿付问题对产品定价的影响，通过对不同利率路径的模拟，解决较为复杂的路径依赖问题。若很多因素都将对资产价格产生影响，那么该种方法将是首要之选，但同时该方法对预期现金流有很强的路径依赖，只能通过大规模计算才能保证产品定价的准确性。

蒙特卡洛模拟定价法使用前提是假设市场风险中性，这时候，期权价格表现为产品到期回报贴现的期望值，但是该方法所模拟的路径是基于无套利的，即模型在未来的每个时间节点都不存在发生套利的行为，这有可能会影响结果的准确性。

8.1.2　定价模型的选择

以上四种方法均可实现金融产品的定价，每个方法都有各自的优势及局限，常用定价方法对比见表 8.1。

表 8.1　　　　　　　　　　常用定价方法对比

定价方法	优势	劣势
静态现金流折现法	简单直接	没有考虑到利率的变动及提前偿付等情况
静态利差法	考虑利率波动	没有考虑到未来利率的变动对现金流的影响及提前偿付等情况
期权调整利差法	考虑了利率变动风险、提前偿付问题、信用风险等	投资者实际需要的是某条路径下的利差，这里求得的是各个路径的均值；模型依赖性强，计算过于复杂
蒙特卡洛定价法	按时间发展顺序生成标的资产的价格，形成相应路径，通过对不同时点资产定价，得到资产在不同情况下的期望值	基于无套利理论，路径依赖性强

生态水利 PPP 项目对现金流有很强的路径依赖，而且项目期限较长，风险不确定性大，导致未来现金流有很大的不确定性。而静态现金流折现法、静态利差法、期权调整利差法均无法满足项目的这种复杂情况。

蒙特卡洛模拟法可以依据 PPP 项目基础资产有关情况设置有限定性的随机函数，通过随机路径模拟，可能会更加适合项目的实际情况。在进行生态水利 PPP 项目 SIBs 固定利率定价时，可适当采用这种方式来进行定价。

8.2　社会效益债券固定利率定价模型构建

8.2.1　蒙特卡洛模拟法

蒙特卡洛模拟法是基于"随机数"的计算方法，也称计算机模拟法，可以有效解决穷举法的计算困难。该方法以概率论中的中心极限定理和大数定律为基础。中心极限定理是指在大样本情况下，无论单个随机变量分布情况如何，多个独立随机变量之和服从正态分布。大数定律是指在进行随机试验时，虽然可能每次出现的结果都不尽相同，但是经过大量反复的试验后，其结果的平均值会无限靠近某一确定数值，即函数的期望值。这两个结果相当于告诉我们蒙特卡洛模拟法产生的估计值是如何分布的，以及求一个函数的期望值可以通过对函数大量求解得出平均值，进而近似得到期望值。

通过中心极限定理、大数定律解释蒙特卡洛模拟法的基本原理。

假设存在函数：

$$Y = f(X_1, X_2, \cdots, X_n)$$

该模型中函数所对应变量 X_1，X_2，$\cdots$，X_n 的概率分布（如正态分布、二项分布等）已经给定。通过直接或间接的方式对变量进行随机抽样，产生一系列的随机数 x_1，x_2，$\cdots$，x_n，将这些随机数代入函数 $Y = f(X_1, X_2, \cdots, X_n)$ 中，得到

$$y_i = f(x_{1i}, x_{2i}, \cdots, x_{mi})$$

重复上述过程，多次抽样 $i = 1$，2，$\cdots$，将每一次产生的随机数（或数组）都带入到函数 $Y = f(X_1, X_2, \cdots, X_n)$ 中，可得到多个 Y 值 y_1，y_2，$\cdots$，y_n，由中心极限定理可知，这些 Y 值的特征满足正态分布。当模拟次数足够多时，就能得到函数 $Y = f(\quad)$ 的概率分布及期望。

采用蒙特卡洛模拟法时，需要考虑项目的实际情况来选取具有各种概率分布的随机变量。随机变量的抽样值为随机数，最基础的是采用 [0，1] 区间上的均匀分布作为随机变量。一般情况下，随机数很难预计，也无法重复产生，

所以实际应用中，随机数均是通过计算机的一些公式来生成的。计算机产生的随机数速度快、可重复计算，但这种随机数是由其初始数值确定的，严格来说，这种随机数只能称为伪随机数。但实际应用中，这种伪随机数选取得当，样本足够大，还是具有一定的使用价值。实践中应用的概率分布函数大多为正态分布。

8.2.2 风险变量测定

中央和地方政府大力推行 PPP 模式打造生态城市，在这种模式中，地方政府和项目公司是两大主体，在参与项目建设和运营过程中都会面临较大风险，这些风险会对项目产生至关重要的影响。下面将生态水利项目中影响 SIBs 定价的主要因素归纳如下。

（1）运营收入。生态水利项目的运营收入主要来源于景观旅游效益、生态环境效益、土地增值效益、防洪涝效益等。效益具有一定的不稳定性，尤其是景观旅游效益，会随着政府对景点门票收费价格的变化、人流量的变化而产生一定的波动。因而，政府应该对私人企业有一定的担保，在收益低于一定数值时给予一定的保证。

（2）折现率。折现率是指未来某个时间的资金价值折算成现值的比率，是资金时间价值的衡量尺度。可以反映投资者对投资风险的态度、预期收益期望等。

（3）运营成本。运营成本包括在项目运营期产生的各项费用，如勘测设计费、维修及管理费、职工工资福利费用等。生态水利项目支出主要是工程建设费与年运行费，因建设期相对较短，运营维护时间较长，人工费与材料费都会随着时间不断调整，主要变化在于年运行费上涨。

8.2.3 随机路径模拟

蒙特卡洛模拟法在数学领域有丰富的理论基础和应用实践，适用于那些计算过于复杂而难以得到解析解甚至是根本不存在解析解的问题。一般而言，当模拟次数达到下限要求（1000 次以上），结果一般相对准确。目前，MATLAB、Crystal Ball 等软件均能实现对大量随机路径的模拟与运算，一些简单的定价模型如常用的 Excel 办公软件也能实现有效定价的目的。

8.2.4 概率函数选择

类型不一的风险因子会产生不同的分布情况，对于模拟定价的真实情况需要采用合适的概率分布函数，常用概率函数及适用范围见表8.2。

表 8.2　　　　　　　　　　　常用概率函数及适用范围

函数名称	函 数 特 性	适 用 范 围
正态分布	中位数、众数、均值相等，对称	具有任意分布的随机变量
均匀分布	分布概率在相同长度间隔等可能	数据不随时间变化
指数分布	无记忆性	时间上的随机事件
三角分布	最大值、最小值、最可能值	缺少数据时使用，较为粗略

PPP 项目中风险因素不尽相同，对应的函数分布也各有千秋。为了真实模拟其风险，选择合理的概率分布函数是十分重要的，这个过程需要总结研究对象的历史数据进行分析和判断。一般而言，正态分布具有任意分布的随机变量，使用更加普遍，在进行产品定价时，产生随机数的过程一般采用正态分布函数。

8.3　社会效益债券浮动利率定价模型构建

国际上 SIBs 是根据社会效益目标达成的效果进行付费，本书基于生态水利 PPP 项目发行 SIBs，项目运营的好坏应是设定浮动利率的标准。根据《政府和社会资本合作模式操作指南（试行）》（财金〔2014〕113 号）第二十六条规定，政府有支付义务的，项目实施机构应根据项目合同约定的产出说明，按照实际绩效直接或通知财政部门向社会资本或项目公司及时足额支付。《国家发展改革委关于开展政府和社会资本合作的指导意见》（发改投资〔2014〕2724 号）强调，鼓励推进第三方评价，对公共产品和服务的数量、质量及资金使用效率等方面进行综合评价，评价结果向社会公示，作为价费标准、财政补贴及合作期限等调整的参考依据。财政部《关于印发政府和社会资本合作项目财政管理暂行办法的通知》（财金〔2016〕92 号）明确指出，各级财政部门应当同行业主管部门在 PPP 项目全生命周期内，按照事先约定的绩效目标，对项目产出、实际效果、成本收益、可持续性等方面进行绩效评价，也可委托第三方专业评估机构提出评价意见。

国家出台的各种规章强调了政府对 PPP 项目进行支付时宜采用按绩效付费，但是均未对 PPP 项目绩效管理的具体操作规程加以阐述。SIBs 浮动利率定价按照 PPP 项目绩效评价结果，可行的 PPP 项目绩效管理体系构建是此部分的关键，本书尝试构建生态水利 PPP 项目绩效评价体系，并设置绩效评价标准，为浮动利率的确定奠定基础。

8.3.1　生态水利 PPP 项目绩效评价指标构建

综合生态水利 PPP 项目的特点和 SIBs 强调社会效益的本质，认为其绩效评价原则是：缓解政府财政支出压力、提高工程质量、实现生态价值、综合社会效益的提升等，以最终实现项目的可持续发展。

8.3.1.1　基于平衡计分卡的生态水利 PPP 项目绩效评价指标体系构建

1992 年 Robert 和 David 最先提出平衡计分卡的概念，将非财务指标引入绩效考核内形成更加全面的绩效考核方法，并做到多个方面的平衡，此后平衡计分卡被广泛用于绩效评价中。经典的平衡计分卡模型如图 8.1 所示。平衡计分卡在生态水利 PPP 项目中的适用性主要表现在：①符合生态水利 PPP 项目的战略思想。平衡计分卡基本思想是将企业的战略目标具体分解为多个可实现的子目标，生态水利 PPP 项目也是一个多目标的复杂系统；②有利于生态水利 PPP 项目全面综合评价。平衡计分卡是从整体角度对企业战略及实施过程进行描述，有利于生态水利项目综合目标的实现。

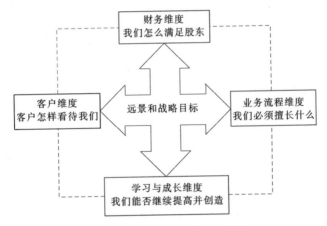

图 8.1　经典的平衡计分卡模型

绩效评估指标体系的构建应根据不同的战略目标作出相应改进，生态水利 PPP 项目绩效评估指标体系通过平衡计分卡实现时，须考虑能否实现该项目的战略目标。基于平衡计分卡进行生态水利 PPP 项目绩效评估时，根据项目的内在价值影响因素对四个维度拓展，以下将四个维度拓展为效益维度、公众服务维度、内部流程维度及学习与成长维度，并根据相应维度调整具体指标。效益维度：生态水利 PPP 项目不仅要考虑经济效益，也要考虑环境效益；公众服务维度：体现的是社会公众最直接的意见表达，也就是说项目提供的产品或服务应满足公众对其数量与质量上的需要；内部流程维度：是对项目的整个生命周期进行管理，其任何一个阶段都应体现此维度的管理与控制；学习与成长维度：PPP 模式在全国仍处于起步阶段，项目的参与人员对这种模式的应用也并不熟悉，参与人员基本都处于边参与、边学习、边操作的方式，具体指标体系见表 8.3。

表 8.3　　　　　　基于平衡计分卡的生态水利 PPP 项目指标体系

维度	一级指标	二级指标
效益维度 B_1	旅游业年总收入 C_1	生态旅游业年总收入
	年均土地增值 C_2	土地增值收益
	年水产总值 C_3	年水产品总产量
	受污染水体净化 C_4	水体指标合格率
	生态修复效益 C_5	生态服务价值完成率
公众服务维度 B_2	水安全改善情况 D_1	公众对水安全改善情况的满意程度
	公众民主参与情况 D_2	公众民主参与的数量统计
	公众节水情况 D_3	每户公众节水率
	公众用水供给情况 D_4	公众生活供水保证率
	公众对水环境的保护情况 D_5	水环境污染面积
	公众相关的利益获得情况 D_6	区域公众利益获得数量统计
内部流程维度 B_3	水利法规政策体系建设 E_1	政策法规体系健全程度
	水利监测水平 E_2	监测站点建设
	水利管理体制改革 E_3	水利管理机构完善程度
	水利发展机制完善 E_4	水利发展机制完善程度
	项目资金管理 E_5	水利投资的有效利用率
学习成长维度 B_4	员工积极性情况 F_1	员工激励措施数量统计
	提升员工素质能力 F_2	员工人均培训次数
	PPP 模式的推广程度 F_3	熟知 PPP 知识人员数
	项目效率增加情况 F_4	项目生产能力增加率
	水文化普及 F_5	水文化宣传程度
	企业信息化完善程度 F_6	数字化业务数目

8.3.1.2　生态水利 PPP 项目绩效评价方法

在构建生态水利 PPP 项目绩效评价指标体系基础上，为确定浮动利率标准，选取合适的权重计算方法和绩效评价方法是这部分的关键。

（1）权重确定方法。常用的权重确定方法有很多种，本书采用层次分析法。层次分析法（AHP）的基本思路是将所求问题转化成最底层相对最高层的相对重要性权重确定或相对优劣排序问题。针对生态水利 PPP 项目指标的构建，符合层次分析法的系统性原则，且确定指标权重时这种方法能同时兼顾定量与定性指标，因此，在进行权重确定时采用层次分析法有很强的操作性和科学性。

根据以上分析，生态水利 PPP 项目权重确定步骤如下。

1) 建立层次结构。评价层次结构如图 8.2 所示。

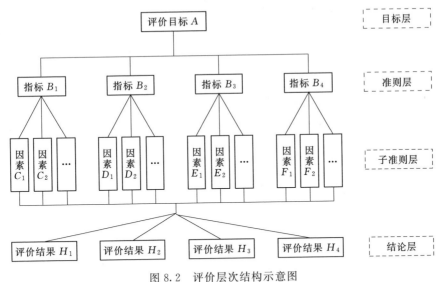

图 8.2 评价层次结构示意图

2) 建立判断矩阵。第一层为目标层，第二层为准则层，首先判断各个准则层相对目标层的重要程度，计算权重，记为权重向量。B_i 和 B_j 相比较判断矩阵打分标度见表 8.4。

表 8.4 B_i 和 B_j 相比较判断矩阵打分标度

标度	含　义
1	表示两因素比较，具有相同重要性
3	表示两因素比较，一因素比另一因素稍微重要
5	表示两因素比较，一因素比另一因素比较重要
7	表示两因素比较，一因素比另一因素十分重要
9	表示两因素比较，一因素比另一因素极端重要
2、4、6、8	上述相邻判断中值
倒数	因素 i 和 j 比较得到 B_{ij}，则 j 和 i 比较的 $B_{ji}=1/B_{ij}$

$$b_{ij}=\frac{f\left(\dfrac{B_i}{B_j}\right)}{f\left(\dfrac{B_j}{B_i}\right)} \quad (i,j=1,2,3,4) \tag{8.4}$$

得判断矩阵为

$$B=\begin{bmatrix} b_{11} & b_{12} & b_{13} & b_{14} \\ b_{21} & b_{22} & b_{23} & b_{24} \\ b_{31} & b_{32} & b_{33} & b_{34} \\ b_{41} & b_{42} & b_{43} & b_{44} \end{bmatrix}$$

然后求出 B 的最大特征根 $\lambda_{\max}$ 及对应的特征向量 $X=(X_1, X_2, X_3, X_4)^T$，这一步骤将定性因素关系进行定量化转化，当然为简便运算，对特征向量需进行归一化处理。

3）检验判断矩阵的相容性，确定判断矩阵逻辑方面的一致性。权重计算的前提是判断矩阵必须通过相容性检验，其中：

$$CI=\frac{\lambda_{\max}-n}{n-1} \tag{8.5}$$

如果计算结果中 $CI=0$，则说明判断矩阵通过一致性检验，如果接近 0 则说明判断矩阵有较好的一致性。一致性指标 RI 具体数据查询表 8.5。

表 8.5　　　　　　　　　　　　n 维向量平均随机一致性指标

n	1	2	3	4	5	6	7	8	9
RI	0	0	0.58	0.9	1.12	1.24	1.32	1.41	1.45

当 $CR=CI/RI<0.1$ 时，认为判断矩阵通过相容性检验，如果大于 0.1，则不能通过相容性检验，判断矩阵需要重新调整。

4）计算各层次指标相对于总目标的组合权重。如果模型共有 N 层指标，那么第 K 层指标向量为 $X(K)=X(K)(K-1)$。其中 $X(K)$ 是第 K 层相对第 $K-1$ 层的权重向量，该向量为列向量组成的矩阵。

5）组合一致性检验。

组合权重向量是否具有有效性还需通过一致性检验来判断，其中第 K 层的一致性检验比率为

$$CR(K)=\frac{CI(K)}{RI(K)} \quad K=3,4,\cdots,N \tag{8.6}$$

其中，$CI(K)=[CI(K)_1,\cdots,CI(K)_n]\omega(k-1)$

$$RI(K)=[RI(K)_1,\cdots,RI(K)_n]\omega(k-1)$$

当 $CR(N)=\sum_{p=2}^{N}CR(K)<0.1$ 时，认为通过一致性检验，若 $CR(N)=\sum_{p=2}^{N}CR(K)>0.1$，则不能通过检验，此时需要进一步调整。

（2）项目权重的确定。通过以上步骤分析，构建生态水利 PPP 项目层次结构分析模型，如图 8.3 所示。

本书评价对象是生态水利 PPP 项目，专家主要选取建筑、水利、环境等行业相关专业人员。此次问卷发放共 60 份，回收问卷 55 份，指标评价的回收率达到 92%。矩阵计算借助软件 MATLAB7.0 得到目标矩阵的特征值和特征向量，确定各个指标权重。具体数据见表 8.6、表 8.7。

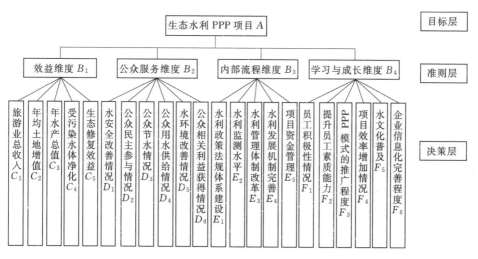

图 8.3　生态水利 PPP 项目层次结构分析模型

表 8.6　　　　　　目标层对生态水利 PPP 项目的绩效评价指标

指标	B_1	B_2	B_3	B_4	ω_i	λ_{max}	CI	CR
B_1	1	2	1/2	3	0.2926			
B_2	1/2	1	1/2	2	0.1849	4.0710	0.0237	0.0263
B_3	2	2	1	3	0.4155			
B_4	1/3	1/2	1/3	1	0.1070			

表 8.7　　　　　　效益、公众服务、内部流程、学习与成长维度的

判断矩阵及单排序权重

指标	C_1	C_2	C_3	C_4	C_5	ω_i	λ_{max}	CI	CR
C_1	1	2	3	1/3	1/3	0.1385			
C_2	1/2	1	1/2	1/4	1/5	0.0632			
C_3	1/3	2	1	1/5	1/7	0.0701	5.1858	0.0465	0.0415
C_4	3	4	5	1	1/2	0.2951			
C_5	3	5	7	2	1	0.4330			

指标	D_1	D_2	D_3	D_4	D_5	D_6	ω_i	λ_{max}	CI	CR
D_1	1	1/2	3	1/5	3	1/4	0.0916			
D_2	2	1	4	1/4	5	1/2	0.1542			
D_3	1/3	1/4	1	1/7	1/3	1/7	0.0343			
D_4	5	4	7	1	6	2	0.4059	6.3132	0.0626	0.0505
D_5	1/3	1/5	3	1/6	1	1/5	0.0534			
D_6	4	2	7	1/2	5	1	0.2606			

指标	E_1	E_2	E_3	E_4	E_5	ω_i	λ_{max}	CI	CR
E_1	1	1/3	1/2	2	3	0.1637			
E_2	3	1	1/2	3	4	0.2983			
E_3	2	2	1	3	5	0.3727	5.1408	0.0352	0.0314
E_4	1/2	1/3	1/3	1	2	0.1036			
E_5	1/3	1/4	1/5	1/2	1	0.0617			

指标	F_1	F_2	F_3	F_4	F_5	F_6	ω_i	λ_{max}	CI	CR
F_1	1	3	2	1/2	5	7	0.2577			
F_2	1/3	1	1/2	1/6	2	3	0.0901			
F_3	1/2	2	1	1/4	2	3	0.1279	6.1501	0.0300	0.0242
F_4	2	6	4	1	6	6	0.4227			
F_5	1/5	1/2	1/2	1/6	1	2	0.0607			
F_6	1/7	1/3	1/3	1/6	1/2	1	0.0408			

以表 8.6、表 8.7 中 $CR<0.10$，均通过一致性检验，现进一步计算指标综合权重，利用公式 $X(K)=X(K)(K-1)$ 计算二级指标的所对应的权重，详见表 8.8。

表 8.8　　　　　生态水利 PPP 项目指标权重汇总表

目标	一级指标	各维度权重	二级指标	分层中权重	总权重
生态水利 PPP 项目绩效	效益维度 B_1	0.2926	旅游业总收入 C_1	0.1385	0.0406
			土地年均增值 C_2	0.0632	0.0185
			年水产总值 C_3	0.0701	0.0205
			受污染水体净化 C_4	0.2951	0.0863
			生态修复效益 C_5	0.4330	0.1267
	公众服务维度 B_2	0.1849	水安全改善情况 D_1	0.0916	0.0169
			公众民主参与情况 D_2	0.1542	0.0285
			公众节水情况 D_3	0.0343	0.0063
			公众用水供给情况 D_4	0.4059	0.0751
			水环境改善情况 D_5	0.0534	0.0099
			公众相关利益获得情况 D_6	0.2606	0.0482
	内部流程维度 B_3	0.4155	水利政策法规体系建设 E_1	0.1637	0.0680
			水利监测水平 E_2	0.2983	0.1239
			水利管理体制改革 E_3	0.3727	0.1549

续表

目标	一级指标	各维度权重	二 级 指 标	分层中权重	总权重
生态水利PPP项目绩效	内部流程维度 B_3	0.4155	水利发展机制完善 E_4	0.1036	0.0431
			项目资金管理 E_5	0.0617	0.0256
	学习与成长维度 B_4	0.1070	员工积极性情况 F_1	0.2577	0.0276
			提升员工素质能力 F_2	0.0901	0.0096
			PPP模式的推广程度 F_3	0.1279	0.0137
			项目效率增加情况 F_4	0.4227	0.0452
			水文化普及 F_5	0.0607	0.0065
			企业信息化完善程度 F_6	0.0408	0.0044
合计					1

层次总排序一致性检验如下：

$$CI = 0.2926 \times 0.0465 + 0.1849 \times 0.0626 + 0.4155 \times 0.0352 + 0.1070 \times 0.0300$$
$$= 0.0430$$

$$RI = 0.2926 \times 1.12 + 0.1849 \times 1.24 + 0.4155 \times 1.12 + 0.1070 \times 1.24 = 1.155$$

$$CR = \frac{CI}{RI} = \frac{0.0430}{1.155} = 0.0372 < 0.10$$

由此可知，层次总排序通过一致性检验，指标权重可以作为最终决策依据。

8.3.2 生态水利 PPP 项目绩效评价标准

生态水利 PPP 项目绩效评价的等级分为优秀、良好、中等、差，为更加清晰地表述，用 4，3，2，1 分别对应以上四个等级。在具体项目评价时，采用专家调研法，根据项目实际建设运营情况的客观数据，并选择项目相关专家对相应指标进行打分，汇总结果后得出指标评分。

生态水利 PPP 项目绩效综合评价的计算公式为

$$K = \sum_{i=1}^{n} \omega_i P_i \tag{8.7}$$

式中：K 为生态水利 PPP 项目综合评价指数；ω_i 为各个指标的权重；P_i 为各个指标的分数。

根据计算结果的分值，确定评价对象的等级，具体见表 8.9。

表 8.9   绩效评价分值等级表

档次	优秀	良好	中等	差
分值	>3.5	[3.5, 2.5)	[2.5, 1.5)	<1.5

8.3.3 浮动利率标准确定

政府在进行 SIBs 兑付时按照绩效付费是国家政策的建议，也是 SIBs 的本质要求，SIBs 浮动利率定价应按照生态水利 PPP 项目绩效评价结果。西方国家发行 SIBs 的风险溢价一般在 2%～4%，我国首单发行的 SIBs 的浮动范围仅在 0.7%。SIBs 在我国尚处在尝试阶段，直接像西方国家一样达不到最低绩效标准不进行兑付显然不符合现实情况。在具体项目确定"固定利率+浮动利率"时，以此类 PPP 项目的普遍收益率及长期国债利率作为参考是比较合适的。

PPP 项目投资回报率的合理取值一直是大家普遍关注的问题，对政府来说，投资回报率的确定是策划 PPP 项目、制定 PPP 项目实施方案时的重要内容；对社会资本方来说，投资回报率为是否选择投资的关键依据。但截至目前来说，PPP 项目投资回报率并没有确定一个统一的基准，根据财政部 PPP 项目综合信息平台公布的信息，发现大部分 PPP 项目投资回报率在 6% 左右，已成交 PPP 项目投资回报率如图 8.4 所示。

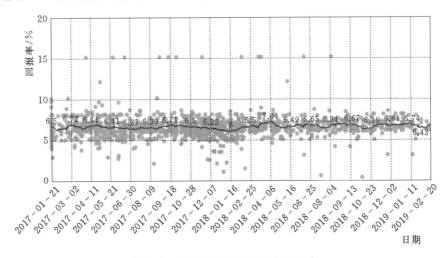

图 8.4 已成交 PPP 项目投资回报率

地方政府基于生态水利 PPP 项目发行 SIBs 时，债券投资者也相当于 PPP 项目的投资者。尽管 SIBs 兑付时采用按效果付费模式，但最终结果应符合生态建设和环境保护、水利建设等相关 PPP 项目投资回报率的总体趋势。图 8.5

为财政部 PPP 项目综合信息平台在生态建设与环境保护、水利建设 PPP 项目投资回报率，此类 PPP 项目投资回报率通常在 5％～8％。同时，SIBs 的"固定利率＋浮动利率"也应参考金融市场上的无风险利率（一般也指同期国债利率），在国债利率之上加上 2～3 个的风险点来确定，比同期银行贷款基准利率略高一点。综合考虑后，政府基于生态水利 PPP 项目发行 SIBs 的"固定利率＋浮动利率"之和应在 5％～7％，当然具体浮动利率定为多少应参照具体项目的风险，本着激励投资者投资的原则，按照优秀、良好、中等、差划分标准进行选择。

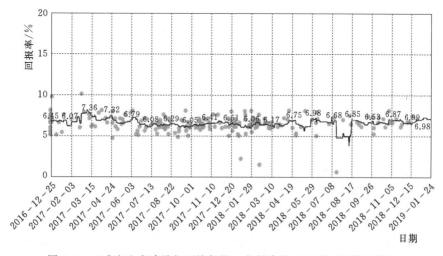

图 8.5　已成交生态建设与环境保护、水利建设 PPP 项目投资回报率

第9章

实证研究——以饮马河综合治理工程为例

截至目前，我国尚未发行生态水利 PPP 项目 SIBs，本章以饮马河生态水利工程为实例，进行生态水利 PPP 项目 SIBs 的定价研究，数据模拟结果验证了定价模型的合理性。

9.1 项　目　概　述

饮马河综合治理工程致力于将城市规划和水生态文明要求相结合，打造出湿地、主河道和浅滩等集一身的河流形态，饮马河综合治理工程不仅丰富了河流的生态景观，还兼顾了河流中水生态系统的维护与修复。整个项目工程设计任务包括扩建开挖、蓄水建筑、水系连接、景观工程、水生态建设及路桥工程等六大部分，工程规模宏大，从清溪河关庄闸引水处至省道 S220，治理长度 8.6km。横向景观设计红线宽度 80～300m。

生态水利 PPP 项目未来可能产生收益有景观旅游效益、生态环境效益、土地增值效益，这是项目进行固定利率定价的基础。因客观条件限制无法获取此项目政府补贴情况，根据项目特点，假定项目采用政府付费方式，即政府资金项目潜在收益均作为地方政府发行 SIBs 的基础。

9.1.1　基础数据及依据

(1) 评价依据。评价依据主要有：2006 年 8 月 1 日，发改委、建设部发布的《建设项目经济评价方法与参数（第三版）》（以下简称《方法与参数》）；1994 年水利部颁布的《水利建设项目经济评价规范》（SL 72—94）（以下简称《评价规范》）；国家现行有关财税制度。

(2) 工程投资。工程总投资为 82816.42 万元。

(3) 社会折现率。《方法与参数》和《评价规范》建议社会折现率取值为 8%，但是因为生态水利 PPP 项目运营期长，又是关乎整个社会发展的公益性项目，此处项目社会折现率取值 4.5%。

（4）计算期。计算期包括建设期和正常运营期，是计算收入与支出的时间范围。按照预计工程进度，该工程总的计算期为 32 年，包括 2 年建设期在内。

（5）价格水平年和基准年。价格水平选取 2014 年的第一季度价格水平，基准年与基准点分别为工程开工的第一年和开工第一年的年初。

9.1.2 效益构成

（1）景观旅游效益。饮马河综合治理工程以 2012—2030 年许昌市的城市规划要求为总体基准，将城区布局规划与河道条件相结合，最终形成湿地、浅滩等多种河道水面形态，不仅可以推动当地旅游业发展，增加旅游财政收入，还可以为当地居民打造一个良好的生活娱乐休闲场所，从而提高当地水生态文明和城市发展规划的可持续发展。

一般来说，景观旅游所得效益在直观上相对抽象，不易量化，因此根据 2013 年许昌市统计年鉴所公布的数据，将游客的人流量数据与旅游收入数据作为旅游效益进行评价分析。由统计年鉴可知，2012 年许昌市共接待国内外游客 7765 万人次，与 2011 年的游客人次相比，增长幅度达到了 13.0%；旅游总收入为 402.7 亿元，增长幅度为 15.7%。根据可靠的规划预计，在项目工程投入使用后，每年可至少增加旅游人数 3 万人，每年可为许昌市创造经济效益 600 万元。

（2）生态环境效益。饮马河综合治理工程以打造生态城市形象作为项目基准，在工程实施中综合考虑生态景观与城市规划、公共场所的协调性。工程项目将许昌市的环境质量改善与城市生态品位提升相结合，最大程度保证生物多样性、水源净化及环境治理改善等环境效益。

由于饮马河综合治理工程具有耗时长、工程量大等特征，因此必然会使许昌市的生态系统服务功能产生一定变化。Costanza 等人经过多年的研究，对生态系统价值评估做出了杰出的贡献，他们所提出的评估方法和原理得到了生态学界的认可。在此基础上，我国学者谢高地制订了中国陆地生态系统单位面积生态服务价值系数表，见表 9.1。该价值系数表得到了国内众多学者的一致认同，至今在计算生态服务功能价值时仍然以该表作为计算参照。

表 9.1　　中国不同陆地生态系统单位面积生态服务价值系数表　单位：元/hm^2

类型	森林	草地	农田	湿地	水体	荒漠
气体调节	3097.0	707.9	442.4	1592.7	0.0	0.0
气候调节	2389.1	796.4	787.5	15130.9	407.0	0.0
水源涵养	2831.5	707.9	530.9	13715.2	18033.2	26.5
土壤形成与保护	3450.9	1725.5	1291.9	1513.1	8.8	17.7

续表

类型	森林	草地	农田	湿地	水体	荒漠
废物处理	1159.2	1159.2	1451.2	16086.6	16086.6	8.8
生物多样性保护	2884.6	964.5	628.2	2212.2	2203.3	300.8
食物生产	88.5	265.5	884.9	265.5	88.5	8.8
原材料	2300.6	44.2	88.5	61.9	8.8	0.0
娱乐文化	1132.6	35.4	8.8	4910.9	3840.2	8.8
总计	19334.0	6406.5	6114.3	55489.0	40676.4	371.4

此次治理工程中水体面积、森林景观绿化面积、草地景观绿化面积分别按照 38.00hm²、30.85hm²、30.85hm² 来计算。由表 9.1 计算得，水生态环境效益为 154.57 万元，森林生态环境效益为 59.65 万元，草地生态环境效益为 19.76 万元，合计为 233.98 万元。

（3）土地增值效益。饮马河综合治理工程项目在正式完工投入使用后，不仅会改善许昌市的生态系统与水环境状况，同时还会使饮马河周边的土地得到大幅度的升值。本次工程实施后，饮马河两岸 10 年因治理工程带来显著增值的土地面积约为 435.16 万 m²，以 1.6 的平均建设容积率计算，建筑面积约 696.26 万 m²。

饮马河两岸的土地增值是治理工程建设改善环境，政府各部门完善基础设施等多方面因素共同作用的结果。据估算，因治理工程带来的土地增值效益按 200 元/m² 考虑，10 年的增值效益约为 13.93 亿元，年均土地增值效益 1.39 亿元。

9.1.3　工程费用

工程费用主要包括固定资产投资、年运行费和流动资金。

（1）固定资产投资。根据项目投资估算结果，工程总投资为 77019.27 万元。

（2）年运行费。在工程进入运营期后，公司每年需要支付包括工程维护费和管理费在内的运行管理费用。

工程维护费是指与工程修理养护相关的成本费用，包括材料费、修理费、燃料动力费等；依据《评价规范》有关规定与饮马河工程的实际情况，运营期第一年的工程维护费、管理费分别按照工程固定资产的 1.2%、0.4% 计算，费用分别为 924.23 万元、308.08 万元。

（3）流动资金。该项目的流动资金包括正常运行时需要购买的材料、燃料、备件、备品及员工工资等，按照年运行费的 10% 提取，为 123.23 万元。

流动资金在运行期第一年投入，在运行期末年回收。饮马河生态水利PPP项目基本情况见表9.2。

表9.2　　　　　　　　　饮马河生态水利 PPP 项目基本情况

项　目	数　据	备　注
饮马河综合治理项目预期现金流/亿元	10.2	按照项目未来收益折现确定
特许经营权/a	32	项目安排
所得税	—	税率补贴
增值税/%	11	即征即返比例70%
景观旅游效益增长率/%	15	预计
生态环境效益增长率/%	3～25 年：3%；26～32 年：−10%	生态环境效益在前23年按照3%的增长率稳步增长；从第26年开始项目进行到后期，伴随着一些设施损坏，环境变差等问题，生态环境效益以10%的减少率下降
土地增值效益增长率/%	3～7 年：3%；8～12 年：−3%	前5年以3%的增长率逐步提高，从第5年开始到第10年，项目土地增值效益以3%的下降率有所减少，从第11年开始，该项目不再带来土地增值效益
固定资产投资/万元	77019.27	分2年投资，第1年73185.89万元，第2年3833.38万元
工程维护费	固定资产的1.2%，每年上涨5%	预计
管理费	固定资产的0.4%，每年上涨9%	预计
流动资金	年运行费的10%	第一年投入，运行期末回收
折现率/%	4.5	文献获得

9.2　社会效益债券发行模式设计

因我国只发行了首单SIBs，且因客观原因限制很多资料无法获取，根据生态水利PPP项目与SIBs性质，参考地方政府项目收益债券、城投债等发行模式，饮马河PPP项目SIBs发行设计流程如图9.1所示。

因生态水利PPP项目SIBs定价研究属于初探，故不考虑采用按阶段发行SIBs，假设SIBs的买卖行为均发生在项目建设前，政府兑付行为发生在项目运营期结束。饮马河项目目前还处于刚刚开始运营阶段，绩效评价结果不能代表项目整个运营周期的绩效，此处只是作为浮动利率定价模型的例证，现实

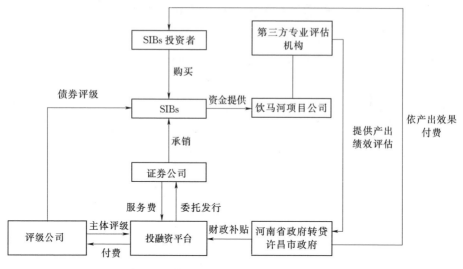

图 9.1 饮马河 PPP 项目 SIBs 发行设计

中，债券兑付应由第三方专业评估机构按照多阶段绩效评价结果综合评估后得到。

9.3 饮马河综合治理工程社会效益债券固定利率定价

9.3.1 参数设定

假设饮马河生态水利 PPP 项目获得当地 32 年特许经营权，不发生资金套利行为，因生态水利项目为政府付费项目，景观旅游效益、生态环境效益、土地增值效益为未来可能产生现金流，这部分作为 SIBs 定价依据。

分析饮马河基本情况，确定影响饮马河收入与支出的指标，因土地增值效益与生态环境效益计算都比较明确，假设景观旅游效益作为影响收入的风险因子；支出中，工程建设周期短，运营期长，假设工程维护费和管理费均作为影响支出的风险因子。选取合适的概率模型需要结合有关历史数据进行确定，在此研究中为了便于演示，通过对相关资料的分析，直接将三个风险因子对应概率函数，分布见表 9.3。

表 9.3 变量概率函数设定

因　子	数　据	因　子	数　据
景观旅游人数增长率 g_w	均值 15%，标准差 3%	管理费增长率 g_{c2}	均值 9%，标准差 3%
工程维护建设增长率 g_{c1}	均值 5%，标准差 4%		

9.3.2 数学模型构建

第 N 年现金流入：

$$RN = 景观旅游效益 + 生态环境效益 + 土地增值效益$$

$$第 N 年景观旅游效益 = 600 \times (1+g_w)^{N-3}, N \in [3,32]$$

第 N 年生态环境效益 $= 233.98 \times (1+3\%)^{N-3}, N \in [3,25]$

第 N 年生态环境效益 $= 233.98 \times (1+3\%)^{22} \times (1-10\%)^{N-25}, N \in [26,32]$

第 N 年土地增值效益 $= 13925.12 \times (1+3\%)^{N-3}, N \in [3,7]$

第 N 年土地增值效益 $= 13925.12 \times (1+3\%)^{4} \times (1-2\%)^{N-7}, N \in [7,12]$

第 N 年现金流出：

$$CN = 固定资产投资 + 工程维护费 + 管理费 + 增值税$$

$$第一年固定资产投资 = 73185.89（万元）$$

$$第二年固定资产投资 = 3833.38（万元）$$

$$工程维护费 = 924.23 \times (1+g_{c1})^{N-3}, N \in [3,32]$$

$$管理费 = 308.08 \times (1+g_{c2})^{N-3}, N \in [3,32]$$

第 N 年应交税费：

$$T_N = C \times 3.3\%$$

第 N 年净利润：

$$P_N = R_N - C_N - T_N$$

第 N 年净利润现值：

$$P'_N = \frac{P_N}{(1+r)^N}$$

按照上述数学模型，运用 MATLAB 软件进行模拟，通过 1000 次模拟计算，计算该项目 32 年特许期间内的收益率。每次模拟变化是根据景观旅游人数增长率、工程维护建设增长率、管理费增长率三个影响因子的变化，因此整个模拟过程需要用到三个影响因子所对应概率函数来求得有一定现值的伪随机数，并将每一次产生的三个伪随机数带入收益率模型中，得到 1000 个经营期间收益率。尽管每次运行后的数据有一定变化，但总体而言，收益率均值基本变化不大，对运行结果进行综合分析后基本就能得到饮马河生态水利项目收益率。

9.3.3 结果与分析

按照上述统计结果，通过 Excel 软件对整个模拟过程进行统计与绘图，统计结果见表 9.4、表 9.5。

表 9.4 饮马河生态水利项目收益率蒙特卡洛模拟结果

项目	数据	项目	数据
模拟次数/次	1000	范围宽度	0.044
平均数/%	6.02	标准差	0.0066
中位数/%	6.04	偏度	−0.2131
最小值/%	3.80	峰度	3.1863
最大值/%	8.20		

表 9.5 饮马河生态水利项目收益率蒙特卡洛模拟结果描述统计

收益率/%	频率/次	累计/%	收益率/%	频率/次	累计/%	收益率/%	频率/次	累计/%
3.80	0	0.00	5.40	64	17.40	7.00	51	94.50
4.00	3	0.30	5.60	74	24.80	7.20	22	96.70
4.20	4	0.70	5.80	102	35.00	7.40	15	98.20
4.40	3	1.00	6.00	119	46.90	7.60	13	99.50
4.60	12	2.20	6.20	129	59.80	7.80	2	99.70
4.80	18	4.00	6.40	113	71.10	8.00	2	99.90
5.00	33	7.30	6.60	108	81.90	8.20	1	100.00
5.20	37	11.00	6.80	75	89.40			

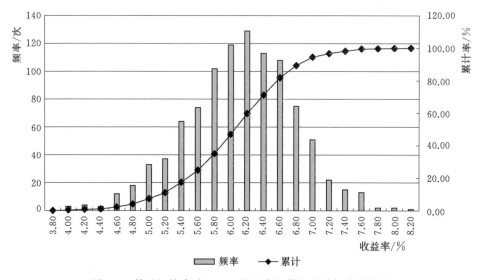

图 9.2 饮马河综合治理工程收益率频数与累计概率分布图

饮马河综合治理工程收益率频数与累计概率分布如图 9.2 所示,结合表 9.4、表 9.5 对蒙特卡洛模拟后的结果进行统计分析,主要结论如下。

(1)对本次模拟结果中项目收益率的最小值、最大值及分界点的值进行分析,最小值为 3.80%,最大值为 8.20%,且收益率低于 5.00% 的概率不会超过 7.3%，超过 7% 的概率不会超过 95%。

（2）对本次模拟结果中项目收益率的平均值进行分析，得到平均值 6.02%，且在 1000 次模拟结果中，超过此收益率的模拟比例为 53.1%。

（3）对本次模拟结果中项目区间收益率进行分析，可知项目收益率在 5%～7% 的概率为 87.2%。

（4）基于上述分析结果，我们发现此次模拟结果跟事实上国内已经入库的生态环境类、水利类 PPP 项目收益率类似，因此，可以采用平均值 6.02% 作为项目发行 SIBs 固定票面利率的依据。

9.4 饮马河综合治理工程社会效益债券浮动利率定价

9.4.1 浮动定价利率标准

PPP 按绩效付费已经提出多年，但浮动利率按照西方国家发行 SIBs 的风险溢价一般在 2%～4%，我国首单发行的 SIBs 的浮动范围仅在 0.7%。SIBs 在我国还处在尝试阶段，直接像西方国家一样达不到最低绩效标准不进行兑付显然不符合现实情况。据统计，我国生态环境与保护、水利 PPP 项目收益率平均在 6.58%，基本处在 5%～8%。饮马河生态水利项目按照预先假设定为政府付费项目，而且 SIBs 的还款人为地方政府，风险系数并不是特别高，固定利率定价结果显示 6.02%，考虑将浮动利率暂设为 2% 认为是比较合适的，浮动利率按照项目绩效评价结果作为 SIBs 兑付的票面利率。

饮马河生态水利项目浮动利率标准见表 9.6。

表 9.6　　　　　　　　　饮马河生态水利项目浮动利率标准

绩效评价等级	优秀	良好	中等	差
浮动利率/%	1	0.5	0	−0.5

9.4.2 饮马河生态水利项目指标体系构建

目前，PPP 模式在基础设施建设及运营上的运用已经普及，本书通过对饮马河生态水利工程进行特定的分析，可知饮马河生态水利项目绩效评价指标与第 8 章建立的模型十分接近。第 8 章建立的绩效评价指标也是在查阅已有生态水利项目及充分了解此案例的基础上得到的，故本案例的绩效评价指标沿用之前的指标体系与权重。

9.4.3 饮马河生态水利 PPP 项目绩效评价结果

现实中，政府进行 SIBs 兑付时根据的绩效评价结果应是第三方专业评估机构在对多阶段绩效评价结果综合评估后得到的评价结果。饮马河项目刚进入运营期不久，绩效评价结果不能代表整个项目运营周期的绩效，此阶段绩效结果只是作为浮动利率定价模型的例证。但实际上我国相关市场发育尚未完全，指标也尚未统一，故此处通过问卷调查的形式，对该项目参与专家进行走访，得到相关结果，以代替第三方专业机构的评价结果。

9.4.3.1　绩效指标评分

通过与许昌市相关单位及饮马河项目公司等的协商，共 5 位专家参与了此次调查，他们根据自身经验与已有的绩效评分标准对指标进行打分，对专家评分求平均值，具体数据见表 9.7。

表 9.7　　　　　　　　　饮马河项目绩效指标评分表

目标	一级指标	二级指标	得分
饮马河生态水利项目绩效	效益指标	旅游业总收入	4
		土地年均增值	4
		年水产总值	4
		受污染水体净化	4
		生态修复效益	3
	公众服务指标	水安全改善情况	4
		公众民主参与情况	4
		公众节水情况	3
		公众用水供给情况	3
		水环境改善情况	4
		公众相关利益获得情况	3
	内部流程指标	水利政策法规体系建设	2
		水利监测水平	4
		水利管理体制改革	2
		水利发展机制完善	2
		项目资金管理	3
	学习与成长指标	员工积极性情况	3
		提升员工素质能力	2
		PPP 模式的推广程度	2
		项目效率增加情况	2
		水文化普及	4
		企业信息化完善程度	2

9.4.3.2 绩效评价计算

饮马河生态水利 PPP 项目的绩效综合评价指数根据式（8.7）计算，结果为 3.0126，就总体来说达到良好的水准，即项目对投资商来说能够取得良好投资收益。对各分项指标的评价详见表 9.8。

表 9.8   饮马河生态水利项目绩效指标分项评价结果

	效益绩效	公共服务绩效	内部流程绩效	学习与成长绩效
$\sum \omega_i P_i$	1.0436	0.6100	1.1045	0.2545
分项评分 $\sum \dfrac{\omega_i P_i}{\omega_i}$	3.5666	3.2992	2.6583	2.3789
分项评价	优秀	良好	良好	中等

表 9.8 是汇总表 9.7 的专家对饮马河生态水利 PPP 项目的打分结果，依照专家的评分，通过公式计算可得饮马河生态水利项目绩效评价综合指数为 3.0126，按照本书设定的评分等级，饮马河生态水利项目基本达到良好的水平。绩效评价结果只代表现如今项目建设与运营的效果，具体浮动利率应参考第三方专业评估机构根据多年绩效评价结果得出，此处只是为绩效评价提供一种评估的可能方式。

按照此次绩效评估结果，饮马河生态水利项目的 SIBs 到期浮动利率可设定为 0.5%，即投资者到期票面利率为 6.52%，基本符合此类 PPP 项目的实际情况。

第10章

结 论 与 展 望

10.1 研 究 结 论

本书对生态水利项目、PPP模式、SIBs、定价模型等相关理论进行了重点阐述，在对以往学者的研究成果进行梳理的基础上结合PPP模式实践中出现的问题，构建了SIBs下生态水利项目PPP模式，并进行SIBs定价研究，最后运用实证分析的方法对其进行了深入分析，具体结论如下。

（1）发行生态水利PPP项目SIBs的意义。生态水利PPP项目公益性强、政府资金投入量大，实践中政府仍然面临资金、风险的双重压力，SIBs的出现为解决政府困境提供了一个行之有效的路径。本书对PPP模式进行丰富，在传统PPP模式中引入SIBs，构建了SIBs下生态水利项目PPP模式，以解决PPP模式在实践中出现的问题。

（2）发行生态水利PPP项目SIBs更强调按绩效付费。PPP模式一贯强调项目绩效的重要性，政策方面虽然也对PPP绩效评价提出要求，但是因为约束力不强，缺少强制措施，实践中多流于形式。目前，生态水利建设在各地区按照规划情况有序展开，但是绩效评价应用并不广泛，项目较常使用后评价，这种方式很难对计划实施偏差做出调整。SIBs作为按绩效付费的债券，实践中强制要求引入第三方专业机构进行绩效评价，政府按照绩效评估结果兑付债券，SIBs与PPP模式的结合更有利于提升生态水利项目的建设质量与服务水平。

（3）生态水利PPP项目SIBs定价采用"固定利率＋浮动利率"的形式。依照SIBs按绩效付费的原则，本书提出采用"固定利率＋浮动利率"定价的模式。固定利率定价基于项目未来可能产生现金流，采用蒙特卡洛模拟定价方式预测，浮动利率定价是基于项目绩效评价结果，按照项目合同签订时约定的绩效标准确定具体利率。本书第9章通过特定生态水利项目的分析对生态水利PPP项目SIBs定价进行详细阐述，验证了定价结果的可行性。

10.2 研究的不足与展望

（1）SIBs 尚处于探索阶段，两种模式的结合在很多问题上可能考虑欠佳。国内目前发行了社会效益债券案例较少，在分析时只能依据前人的研究和网络资源，而且很多资料无法获得，在理解上可能与实际中 SIBs 的应用存在一定偏差，故在进行 SIBs 与 PPP 模式结合时存在的一些问题可能没有考虑周全。

（2）生态水利项目绩效评价指标体系构建与权重确定科学性有待加强。因作者学识能力有限，调查问卷在体系构建上可能存在不完善的地方，生态水利项目绩效评价指标包括定性和定量指标，在定性指标测定时只能根据专家的经验进行量化，但是专家打分具有一定的主观性，不同时期、不同领域、不同职业的专家对同一个问题的评判可能有不同的结果。

（3）研究案例数据不够完善，实证分析具有一定局限性。政府基于生态水利 PPP 项目发行 SIBs 并不存在现实例证，在案例分析时很多相关数据只能通过经验假设才能达到研究目的，结果可能存在局限性。

附　　录

附录 1　MATLAB 程序（蒙特卡洛模拟法）

代码文件 1（pmc）程序：

function［mzli，jjli，msj，lilv，lilv1］＝pmc（n，mu1，sigma1，mu2，sigma2，mu3，sigma3，zhexian，gu）；

％数据结果中 mzli 是模拟折现净利润，jjli 模拟净利润，msj 模拟景观收益，lilv 模拟收益率，zhexian 折现率，gu 固定资产投资

％％％［731858900，38333800］

for k＝1：n

［zli，jli，sj，st，dj，shou］＝pppmc（mu1，sigma1，mu2，sigma2，mu3，sigma3，gu，zhexian）；

　mzli（:，k）＝zli′；％模拟的净利润折旧

　msj（:，k）＝sj′；％模拟的景观收入

　jjli（:，k）＝jli′；

　lv1＝［－731858900，－38333800］；

　lv2＝［lv1，jli］

　lv3＝［lv1，zli］

　lilv（k）＝irr（lv2）；％模拟的收益率

　lilv1（k）＝irr（lv3）；

　end；

代码文件 2（pppmc）程序：

function［zli，jli，sj，st，dj，shou］＝pppmc（mu1，sigma1，mu2，sigma2，mu3，sigma3，gu，zhexian）；

　％模拟景观增长率

　sj（1）＝6000000；

　ee＝normrnd（0，1，29，1）；

　for i＝1：29；

　sj（i＋1）＝sj（i）* exp（mu1－（1/2）* sigma1^2＋sigma1* ee（i））；％模拟第 N 年景观效益

```
end；
r1＝0.03；
r2＝－0.1；
tr＝ ［repmat （r1，1，23），repmat （r2，1，7）］
ttr＝1＋tr；
st （1） ＝2339800；
for i＝2：30；
st （i） ＝st （1）＊prod （ttr （2：i））；％第 N 年生态效益收入
end；
dr1＝0.03；
dr2＝－0.02；
dr＝ ［repmat （dr1，1，5），repmat （r2，1，25）］；
ddr＝1＋dr
dj （1） ＝1.39＊10^8
for i＝2：30；
dj （i） ＝dj （1）＊prod （ddr （2：i））；％第 N 年景观效益收入
end
dj （11：30） ＝0；
％计算每年总收入
for i＝1：30；
shou （i） ＝sj （i） ＋st （i） ＋dj （i）；
end；
％计算每年的费用
wg （1） ＝gu＊0.012；％每年的工程维护费；
gf （1） ＝gu＊0.004；％每年的管理费；
lf＝gu＊0.1；％第一年的流动资金；
ee1＝normrnd （0，1，29，1）；
for i＝1：29；
wg （i＋1） ＝ wg （i）＊exp （mu2 － （1/2）＊sigma2^2 ＋ sigma2＊ee1
（i））；％模拟第 N 年景观效益
end；
ee2＝normrnd （0，1，29，1）；
for i＝1：29；
gf （i＋1） ＝ gf （i）＊exp （mu3 － （1/2）＊sigma3^2 ＋ sigma3＊ee1
（i））；％模拟第 N 年景观效益
```

```
end；
zc＝wg＋gf；
％计算每年总利润：
li＝shou－zc；
li（1）＝li（1）－lf；
li（end）＝li（end）＋lf；
％计算税费；
T＝li*（0.025＋0.011*0.3）；
％计算净利润
jli＝li－T；
％计算净利润折现值
for i＝1：30；
zli（i）＝jli（i）/（（1＋zhexian）^（2＋i））；
end；
命令程序：
[mzli，jjli，msj，lilv，lilv1]＝pmc（1000，0.15，0.04，0.05，0.04，
0.09，0.03，0.045，770192700）
```

附录2 指标权重专家打分表

生态水利 PPP 项目的绩效评价研究指标权重
专家打分表

您好！首先对您填写此份问卷表示感谢。我们正在进行一项学术性研究的调查，旨在了解生态水利 PPP 项目绩效情况。希望您根据您的专业知识与实践经验进行作答，答案不分对错。我们保证所有获取资料只用于学术研究，不做商业用途，并对您的个人信息严格保密。如果您对此次调查结果感兴趣，欢迎您与我们联系。

祝您身体健康，工作顺利！

填表说明：请比较生态水利 PPP 项目中的各个绩效指标的相对重要程度。例如，表 1 中第一行的"效益维度"相对每一列指标的重要程度，若您认为"效益维度"同"公众服务维度"相比，"效益维度"稍微重要，填写标度 3，反之若您认为"效益维度"同"公众服务维度"相比，"公众服务维度"稍微重要，填写标度 1/3，以此类推。表中—处无需填写。

特此说明标度含义：1 表示两因素比较，具有相同重要性；3 表示两因素比较，一因素比另一因素稍微重要；5 表示两因素比较，一因素比另一因素比较重要；7 表示两因素比较，一因素比另一因素十分重要；9 表示两因素比较，一因素比另一因素极端重要；2、4、6、8 是上述相邻判断中值；倒数含义是因素 i 和 j 比较 B_{ij}，则 j 和 i 比较的 $B_{ji}=1/B_{ij}$。

1. 准则层对目标层权重调查表

表 1　　　　　　　　　　准则层对目标层权重打分表

生态水利 PPP 项目绩效	效益维度	公众服务维度	内部流程维度	学习与成长维度
效益维度	1			
公众服务维度	—	1		
内部流程维度	—	—	1	
学习与成长维度	—	—	—	1

2. 次准则层对准则层权重调查表

表 2 效益维度的权重打分表

效益维度	旅游业年总收入	年均土地增值	年水产总值	受污染水体净化	生态修复效益
旅游业年总收入	1				
年均土地增值	—	1			
年水产总值	—	—	1		
受污染水体净化	—	—	—	1	
生态修复效益	—	—	—	—	1

表 3 公众服务维度的权重打分表

公众服务维度	水安全改善情况	公众民主参与情况	公众节水情况	公众用水供给情况	公众对水环境的保护情况	公众相关的利益获得情况
水安全改善情况	1					
公众民主参与情况	—	1				
公众节水情况	—	—	1			
公众用水供给情况	—	—	—	1		
公众对水环境的保护情况	—	—	—	—	1	
公众相关的利益获得情况	—	—	—	—	—	1

表 4 内部流程维度权重打分表

内部流程维度	水利政策法规体系建设	水利监测水平	水利管理体制改革	水利发展机制完善	项目资金管理
水利政策法规体系建设	1				
水利监测水平	—	1			
水利管理体制改革	—	—	1		
水利发展机制完善	—	—	—	1	
项目资金管理	—	—	—	—	1

表 5 学习与成长维度权重打分表

学习与成长维度	员工积极性情况	提升员工素质能力	PPP 模式的推广程度	项目效率增加情况	水文化普及	企业信息化完善程度
员工积极性情况	1					
提升员工素质能力	—	1				
PPP 模式的推广程度	—	—	1			
项目效率增加情况	—	—	—	1		
水文化普及	—	—	—	—	1	
企业信息化完善程度	—	—	—	—	—	1

附表 3 指标体系专家打分表

生态水利 PPP 项目的绩效评价研究指标体系
专家打分表

您好！首先对您填写此份问卷表示感谢。我们正在进行一项学术性研究的调查，旨在了解生态水利 PPP 项目绩效情况。希望您根据您的专业知识与实践经验进行作答，答案不分对错。我们保证所有获取资料只用于学术研究，不做商业用途，并对您的个人信息严格保密。如果您对此次调查结果感兴趣，欢迎您与我们联系。

祝您身体健康，工作顺利！

问卷说明：①此问卷包含指标的解释说明及打分项，若您对某一指标的含义不确定，请参看此部分说明，然后对各指标进行打分，本问卷采用 4 分制；②4 分制含义：评价该指标在一个项目中的完成情况，1——差（不好），2——中等（一般），3——良好（好），4——优秀（很好）。

饮马河生态水利 PPP 项目绩效指标打分表

目标	一级指标	二级指标	得分
饮马河生态水利项目绩效	效益指标	旅游业总收入	
		土地年均增值	
		年水产总值	
		受污染水体净化	
		生态修复效益	
	公众服务指标	水安全改善情况	
		公众民主参与情况	
		公众节水情况	
		公众用水供给情况	
		水环境改善情况	
		公众相关利益获得情况	
	内部流程指标	水利政策法规体系建设	
		水利监测水平	
		水利管理体制改革	
		水利发展机制完善	
		项目资金管理	

续表

目标	一级指标	二 级 指 标	得分
饮马河生态水利项目绩效	学习与成长指标	员工积极性情况	
		提升员工素质能力	
		PPP 模式的推广程度	
		项目效率增加情况	
		水文化普及	
		企业信息化完善程度	

参 考 文 献

白祖纲，2014. 公私伙伴关系与地方政府大部制改革 [J]. 行政论坛 (2)：60‐64.

财政部 PPP 中心，2018. "中国 PPP 大数据"之全国 PPP 综合信息平台项目管理库 2017 年报 [J]. 中国经济周刊 (5)：44‐47.

曹萍，2016. 社会影响力债券需要五大配套措施 [N]. 证券时报，4‐8 (5).

褚晓凌，王守清，刘婷，2017. PPP‐ABS 产品如何定价 [J]. 新理财（政府理财）(5)：42‐43.

冯尚友，1994. 生态经济系统的演变与熵值 [C]. 中国系统工程学会：211‐215.

高蒙蒙，汪冲，2018. 民营资本参与基础设施项目的风险分担问题研究 [J]. 学习与探索 (8)：143‐148.

高艳艳，2016. 试论水利工程的生态效应区域响应 [J]. 山西水土保持科技 (2)：6‐7.

高雨萌，刘婷，王守清，等，2016. 他山之石：PPP 投资引导基金的国际经验 [J]. 项目管理技术，14 (8)：15‐21.

郭实，周林，2016. 浅析国外绿色债券发展经验及其启示 [J]. 债券 (5)：67‐72.

侯玉凤，2018. 基于全过程的 PPP 资产证券化运作风险分析及评价 [J]. 财会月刊 (17)：79‐86.

贾立敏，陶宁，申浩播，2018. 中小型水利工程 PPP 项目影响因素 ISM 研究 [J]. 会计之友 (10)：88‐92.

贾清萍，史利琴，2019. PPP 模式下社区卫生服务供给效率与合作机制的构建研究 [J]. 中国全科医学 (16)：1922‐1926.

姜翠玲，王俊，2015. 我国生态水利研究进展 [J]. 水利水电科技进展，35 (5)：168‐175.

兰兰，高成修，2013. 基于 AHP 的 PPP 绩效评估体系研究 [J]. 海南大学学报（人文社会科学版），31 (3)：115‐119.

雷薇，张超，周文龙，等. 2015. 贵州省水利建设、生态建设和石漠化治理的耦合性 [J]. 水土保持通报，35 (4)：258‐262.

李蕊，2017. 为效果付费债券：一个创新的公私伙伴关系及其风险防范 [J]. 中外法学，29 (3)：780‐801.

李晓鹏，2016. 城市水生态 PPP 项目物有所值评价研究 [D]. 郑州：华北水利水电大学.

林涛涛，李洁，江妍，等，2018. 收费公路 PPP 项目运营期风险定量分析：基于偏最小二乘回归 [J]. 土木工程与管理学报，35 (5)：145‐151.

刘尚希，2016. 以共治理念推进 PPP 立法 [J]. 经济研究参考 (15)：3‐9.

刘婷，周向红，2012. 社会效益投资运作实践与思考 [J]. 管理观察 (27)：10‐11.

刘炎燃，2019. 新建公立医院 PPP 融资模式存在问题与对策探析 [J]. 现代营销（经营版）(1)：128.

刘渝琳，尹兴民，黎智慧，2018. 基于养老金入市的中国通胀指数债券定价与模拟 [J]. 中国管理科学，26（11）：94－104.

彭为，陈建国，伍迪，等，2017. 政府与社会资本合作项目利益相关者影响力分析：基于
美国州立高速公路项目的实证研究［J］. 管理评论，29（5）：205－215.

仇保兴，2016，推进政府与社会资本合作（PPP）的有关问题和对策建议［J］. 城市发展研
究，23（5）：1－3.

丘水林，严晓玲，2017. PPP 视域下创新福建省水利产业发展机制的路径探析［J］. 华北水
利水电大学学报（社会科学版），33（3）：66－68.

任雅茹，尹贻林，尚应应，2018. 污水处理 PPP 项目政府最低需求购买量研究［J］. 建筑
经济，39（12）：31－36.

邵颖红，韦方，褚芯阅，2019. PPP 项目中信任对合作效率的影响研究［J］. 华东经济管
理，33（4）：148－155.

申来宾，郭磊，韩涵，2016. 水生态文明城市的 PPP 模式设计［C］. 2016 中国水生态大会.

孙佩锋，2015. 我国治水理念的发展和演变［J］. 华北水利水电大学学报（社会科学版），
31（5）：5－10＋50.

唐德森，芮明杰，2016. 互联网＋PPP 模式创新与 VFM 适度评估［J］. 科研管理（s1）：
205－209.

唐祥来，2010. 基于 PPP 治理视角的政府产业规模约束研究［J］. 产业经济研究（4）：
16－22.

王刚，庄焰，2006. 地铁项目融资模式研究［J］. 深圳大学学报（3）：217－221.

汪海洲，杜思杨，曾先峰，2013. 基于 SRTP 方法对中国社会折现率的估算［J］. 统计与决
策（21）：18－21.

王建波，彭龙镖，李娜，等，2017. 基于 OWA－ER 的城市轨道交通 PPP 项目风险评估
［J］. 土木工程与管理学报，34（5）：46－51.

王莲乔，马汉阳，孙大鑫，等，2018. PPP 项目财务风险：融资结构和宏观环境的联合调节
效应［J］. 系统管理学报，27（1）：83－92.

王文彬，唐德善，2019. 生态 PPP 项目省际差异及影响因素研究［J］. 干旱区资源与环境，
33（1）：9－16.

王奕霖，2017. PPP 模式在河北太行山高速公路项目应用研究［D］. 成都：西南交通大学.

王泽彩，杨宝昆，2019. PPP 项目绩效目标与绩效指标体系的构建［J］. 中国发展观
察（2）：35－41.

吴庆，2018. 生态水利设计理念在城市河道治理工程中应用［J］. 建筑技术开发，45（6）：
89－90.

吴海燕，黄德春，2016. 基于效用理论的水利工程 PPP 项目风险分担研究［J］. 水资源与
水工程学报，27（2）：152－157.

吴小军，2016. PPP 项目的绩效评价体系研究［D］. 西安：西安建筑科技大学.

肖云，2016. 西方社会效益债券研究［D］. 重庆：西南政法大学.

谢理超，2015. 构建规范的 PPP 管理模式助力推进财政改革［J］. 财政研究（1）：37－40.

徐晓新，张秀兰，2015. 社会效益债券：一种创新的社会项目筹资模式［J］. 中国行政管
理（5）：54－60.

严景宁，刘庆文，项昀，2017. 基于利益相关者理论的水利 PPP 项目风险分担［J］. 技术
经济与管理研究（11）：3－7.

杨帆，周明，2016. 中国巨灾债券定价策略与期限结构研究：以地震债券为例 [J]. 金融经济学研究，31（3）：118-128.

杨辉，方怡向，武慧斌，2018. 社会效益债券浅析 [J]. 债券（12）：79-84.

杨梅，2016. 水利项目 PPP 模式合约选择研究 [D]. 福州：福建师范大学.

杨也容，2017. PPP 投融资模式在高速铁路项目中的应用 [J]. 财会通讯（23）：13-17+129.

叶晓甦，徐春梅，2013. 我国公共项目公私合作（PPP）模式研究述评 [J]. 软科学，27（6）：6-9.

张博，吴璟，王守清，等，2018. 地方政府推动 PPP 的驱动机制分析 [J]. 中国政府采购（04）：67-70.

张序，劳承玉，2018. 社会效应债券：创新公共服务融资 [J]. 西南金融（4）：27-30.

张缝奇，2019. PPP 融资风险管理模型分析 [J]. 合作经济与科技（1）：54-55.

张高旗，李杰，李亚敏，2018. 城市河流水陆生态系统建设模式与实践 [J]. 中国水利（18）：16-17+20.

张君杰，2018. PPP 项目资产证券化利差定价研究 [D]. 北京：北京交通大学.

赵磊，屠文娟，2011. 集成 FAHP/PCE 的中国 PPP 项目风险评价 [J]. 科技管理研究（2）：80-83.

赵俊凯，2018. 我国公立医院 PPP 合作办医的可行性研究 [D]. 大连：辽宁师范大学.

钟焕荣，2016. 对加快推进福建水利 PPP 项目的思考 [J]. 中国水利（12）：25-26.

周鹏伟，2015. 论 PPP 模式在水利基础设施项目中的应用 [J]. 河南科技，（21）：178-179.

周小付，闫晓茗，2017. PPP 风险分担合同的地方善治效应：理论构建与政策建议 [J]. 财政研究（9）：79-87.

周正祥，张秀芳，张平，2015. 新常态下 PPP 模式应用存在的问题及对策 [J]. 中国软科学（9）：82-95.

朱金戈，2017. PPP 项目资产证券化方案研究 [D]. 蚌埠：安徽财经大学.

朱伟铭，2017. 基于 PPP 模式的资产证券化设计研究 [D]. 杭州：浙江大学.

Cor van Montfort，孙丽，覃伊璇，2014. 稳定与变迁：荷兰公私双元混合的社会福利供给及其对中国的启示 [J]. 社会保障研究（2）：152-160.

Ameyaw E E，Chan A P C，2015. Risk allocation in public-private partnership water supply projects in Ghana [J]. Construction Management & Economics，33（3）：1-22.

Ameyaw E E，Chan A P C，2016. Critical success factors for public-private partnership in water supply projects [J]. Facilities，34（3/4）.

Chowdhury AN，Chen P H，Tiong RLK，2015. Credit enhancement factors for the financing of independent power producer (IPP) projects in Asia [J]. International Journal of Project Management，33（7）：1576-1587.

Cooper C，Graham C，Himick D，2015. Social impact bonds：The securitization of the homeless [J]. Accounting Organizations and Society，2016，55：63-82.

Dwi Hatmoko，Jati Utomo，Riza，Susanti，2017. Risk Management of West Semarang Water Supply PPP Project：Public Sector Perspective [J]. IPTEK Journal of Proceedings Series（1）：48-54.

Ehrlich M，Tiong R L K，2012. Improving the Assessment of Economic Foreign Exchange Exposure in Public – Private Partnership Infrastructure Projects [J]. Journal of Infrastructure Systems，18 (2)：57 – 67.

Hatmoko J U D，Susanti R，2017. Risk Management of West Semarang Water Supply PPP Project：Public Sector Perspective [J]. IPTEK Journal of Proceedings Series，3 (1)：48 – 54.

Jackson ET，2013. Evaluating social impact bonds：questions，challenges，innovations，and possibilities in measuring outcomes in impact investing [J]. Community Development，44 (5)：608 – 616.

Janauer G A，2000. Ecohydrology：fusing concepts and scales [J]. Ecological Engineering，16 (1)：9 – 16.

Kau J B，Keenan D C，Muller W J，et al，1990. The Valuation and Analysis of Adjustable Rate Mortgages [J]. Management Science，36 (12)：1417 – 1431.

Kenniff V，Flowers C，Pho K，2016. Growing a Public：Private Water Conservation Partnership Program With Restaurants in New York City [J]. Journal：American Water Works Association，108 (2).

Lee C H，Yu Y H，2011. Service delivery comparisons on household connections in Taiwan's sewer public – private – partnership (PPP) projects [J]. International Journal of Project Management，29 (8)：1033 – 1043.

Mcconnell J J，Singh M，1993. Valuation and Analysis of Collateralized Mortgage Obligations [J]. Management Science，39 (6)：692 – 709.

Michae，Spackman，2002. Public – private Partnerships：Lessons from the British Approach [J]. Economie Systems，26 (3)：283 – 284.

Ruiters C，Matji MP，2016. Public – private partnership conceptual framework and models for the funding and financing of water services infrastructure in municipalities from selected provinces in South Africa [J]. Water S A，42 (2).

Save R，Ryan – Collins L，2015. Meeting water demand in growing cities：a PPP project in Sudan [J]. Municipal Engineer，167 (3)：146 – 153.

Schinckus C. The valuation of social impact bonds：An introductory perspective with the Peterborough SIB [J]. Research in International Business & Finance，35：104 – 110.

Sun Z F，Dong Z C，2004. Ecological effect analysis for a water conservancy project [J]. Water Resources & Hydropower Engineering (4)：5 – 8.

Thomas H，1999. A preliminary look at gains from asset securitization [J]. Journal of International Financial Markets Institutions & Money，9 (3)：321 – 333.

Warner M E，2013. Private finance for public goods：social impact bonds [J]. Journal of Economic Policy Reform，16 (4)：303 – 319.

Xuan S，2016. Analysis of water conservancy projects based on the ecological perspective [J]. Journal of Anhui Technical College of Water Resources & Hydroelectric Power，16 (1)：44 – 46.

Zalewski M，2000. Ecohydrology：the scientific background to use ecosystem properties as management tools toward sustainability of water resources [J]. Ecological engineering，16 (1)：1 – 8.

后　记

　　水利是经济社会发展的重要支撑和保障，与人民群众美好生活息息相关。随着新时代的到来和经济社会的持续快速发展，我国水资源形势将发生深刻的变化。水利内涵不断丰富、水利功能逐步拓展、水利领域更加广泛，传统任务与新兴使命叠加，现实需要与长远需求交织，水利事业将面临一系列新的挑战，迎来新一轮大发展的机遇。但目前我国一些地方还存在较严重的水污染、水安全、水生态等问题，缺水的生活之苦、少水的生产之苦、无水的生态之苦、滥水的发展之苦交织在一起。这不仅揭示出当前我国治水的主要矛盾已经从改变自然、征服自然转向调整人的行为、纠正人的错误行为，而且是我国社会主要矛盾变化在治水领域的具体体现，更是我国水利改革发展水平和发展阶段的客观反映。

　　水的社会属性，引出了水的社会和文化命题，这些命题就是社会科学需要研究和回答的问题。如今，人类社会的水危机越来越多地表现为社会问题，因此，通过社会科学研究去认识水危机问题的深层次原因，从人类社会中寻求解决之道、制定科学的水资源管理战略、实现水危机的综合治理等，已受到了国际社会的广泛重视。社会科学对化解当代水危机、实现水资源的可持续利用有着不可替代的作用。这种危机的特征越来越显示出它的社会属性，大量水问题的产生与人类社会直接相关，单纯的技术手段已经不能够从根本上化解这种危机，亟待社会科学的参与去维持人类对水的记忆，总结历史经验，探索问题的根源，提出化解矛盾的对策，指出水资源可持续利用的路径。因此，社会科学对水问题的研究是必不可少的。

　　当前，我国治水的主要矛盾已经从人民群众对除水害兴水利的需求与水利工程能力不足之间的矛盾，转化为人民群众对水资源水生态水环境的需求与水利行业监管能力不足之间的矛盾。因此，以紧跟时代的理论自觉，坚持我国国情、水情及新时代水利所处的历史方位，运用马克思主义立场、观点、方法，分析新老水问题和治水的地位、作用，做出符合我国水利改革发展内在逻辑的战略判断，是每个水利工作者不可推卸的使命、责任和担当。

　　"现代水治理丛书"充分体现了华北水利水电大学社会科学工作者的家国情怀、责任、担当和使命，从社会主义制度优势的角度研究现代水治理的内在逻辑、水利行业强监管的前沿问题、水行政法治的理论与实践、城市水生态文化、生态水利可持续发展等，具有一定的理论价值和现实意义。在丛书交稿之际，研究团队成员苦思冥想、不懈奋战的心慢慢沉静下来，不再有冲锋搏杀般的焦虑与紧张，但也没有多少胜利后的轻松和喜悦，因为汉口超警、九江超警、鄱阳湖告急等长江流域汛情依然牵动着每个水利人的心。水治理是一个巨大的系统工程，需要一代又一代有志之士为之不懈努力！

　　因编写时间仓促、作者水平有限，书中难免存在纰漏和缺憾之处，敬请读者给予批评指正。

何楠

2020 年 8 月 2 日